海河流域治理工程
生态效应遥感监测与评估

吴炳方　闫娜娜 等　编著

科 学 出 版 社
北　京

内 容 简 介

本书是围绕海河流域，利用近45年（1970～2015年）的土地覆被、治理工程、水文参量等遥感监测产品，针对流域治理工程的生态环境效应分析与评估等研究工作成果进行的系统总结。全书共分7章：第1章介绍了海河流域治理工程概况及本书编撰的目的；第2章介绍了近45年来流域土地覆被空间格局的变化特点，并着重对湿地、水面面积、不透水面及植被覆盖度等下垫面参量时空变化特点进行了总结；第3章介绍了流域降水、蒸散发、径流及地下水等水文参量的时空变化特征；第4章介绍了流域耗水管理理念在海河流域实践的重要研究结果；第5章介绍了流域特别是密云和官厅两库上游水土流失治理工程的风险评估；第6章介绍了流域生态系统对人类活动的响应特征分析成果；第7章介绍了流域活力评估的方法和措施。

本书可供全球变化、水资源、水利及水利工程、生态和资源环境、农业等领域专业人员，高等院校教师、研究生、本科生，以及政府相关决策部门的行政管理人员参考。

图书在版编目（CIP）数据

海河流域治理工程生态效应遥感监测与评估／吴炳方等编著. —北京：科学出版社，2019.8

ISBN 978-7-03-061891-7

Ⅰ. ①海… Ⅱ. ①吴… Ⅲ. ①海河–流域–区域生态环境–环境遥感–环境监测–研究②海河–流域–区域生态环境–评估–研究 Ⅳ. ①X321.221

中国版本图书馆 CIP 数据核字（2019）第 150870 号

责任编辑：刘浩旻 韩 鹏 姜德君／责任校对：张小霞
责任印制：赵 博／封面设计：铭轩堂

科学出版社 出版
北京东黄城根北街 16 号
邮政编码：100717
http://www.sciencep.com

涿州市殷润文化传播有限公司印刷
科学出版社发行 各地新华书店经销

*

2019 年 8 月第 一 版 开本：787×1092 1/16
2025 年 2 月第三次印刷 印张：12 3/4
字数：300 000

定价：168.00 元
（如有印装质量问题，我社负责调换）

作者名单

（按姓氏汉语拼音排序）

高文文　胡玉昆　贾绍凤　李晓松
卢善龙　沈彦俊　谭　深　田　菲
王　浩　吴炳方　许佳明　闫娜娜
杨艳敏　杨永辉　于名召　曾红伟
曾　源　张广录　张喜旺　赵　旦
朱　亮　朱伟伟

序

新中国成立以来，我国推动实施了众多的重大水利工程和生态工程，这些工程规模大、投资大、效益大、影响大，为我国的经济社会发展奠定了良好的基础。然而，这些重大工程的实施永久性地改变了流域下垫面状况、水循环过程与生态景观格局，这些影响贯穿于重大工程建设与运行的始终，即使工程失效或停用，影响犹在。此外，重大工程的建设与运行会产生新的生态环境问题，有的会严重削弱工程的综合效益，甚至产生意想不到的负面影响。因此，对重大工程的建设与运行开展跟踪评估、中评估与后评估，对重大工程实施与运行过程中导致的生态环境效应进行有效的监测尤为迫切。此举有助于及时发现问题、总结经验、提出对策，将工程的负面效应降到最低、正面效益发挥到最大，这对国家管好、用好重大工程，实现重大工程综合效益的长期持续发挥都至关重要。

在此背景下，中国科学院在"十一五"期间启动了"重大工程生态环境效应遥感监测与评估"知识创新工程重大项目，并将20世纪60年代开始实施的海河治理工程纳入其中。该项目力图通过典型重大工程的生态环境效应研究、定量监测技术的开发，对影响重大工程生态环境效应的诸多要素进行定量化监测和综合评估，形成重大工程生态环境效应监测与评估技术体系，为国家和行业部门提供准确可靠的实时信息与辅助决策方案，为其他重大工程的监测评估开展先期研究。

海河是我国政治、文化、经济中心，也是全国重要的商品粮基地。海河曾饱受洪水肆虐之苦，新中国成立后党和国家高度重视海河流域的治理，1963年海河流域特大洪水发生后，毛主席挥笔写下"一定要根治海河"7个大字，拉开海河治理的大幕，谱写了一段可歌可泣的壮丽篇章。海河流域治理工程为根治洪涝灾害、扭转南粮北运、保障生产生活用水发挥了巨大作用，显著增强了流域经济发展的后劲。然而，治理工程的实施永久性地改变了海河流域生态系统格局，对生态环境产生了广泛和深远的影响，尤其是流域一度出现"有河皆干、有水皆污"的现象，加深了公众对重大治理工程的疑虑，社会各界对此颇为关注，期待科学的解答。

该书是"海河流域治理工程生态环境效应遥感监测与评估"课题成果的总结，是参与该项目的中国科学院遥感、生态、水资源等领域科研工作者集体智慧的结晶。该项目是我主持中国科学院资源环境科学与技术工作时组织实施的，对整个项目的实施过程进行了长期的跟踪，并对项目取得的丰硕成果感到欣慰。更难能可贵的是，即便在项目验收后，吴炳方博士及其团队仍然持之以恒，用新方法与新技术持续开展深入探索，总结凝练，进一步揭示了流域治理工程的生态效应、响应过程与机制，并创新性地提出了基于耗水的流域水资源综合管理方法，为流域水资源合理规划和生态环境保护提供了科学依据。

　　在该书付诸成稿，即将出版之际，谨向作者表示衷心的祝贺，希望该书的出版能进一步促进流域治理工程生态效应监测与评估研究，同时，为将来国内外流域重大治理工程的上马、建设与运行提供有益参考。

中国科学院院士　傅伯杰

2019 年 7 月 9 日

前　言

　　流域治理工程的实施永久性地改变了区域下垫面，会产生广泛和深远的生态环境效应，这些效应不但贯穿于治理工程的整个生命周期，还延及久远；治理工程运行过程中还会出现新的或意想不到的生态环境问题，有的甚至会危及工程的寿命或影响综合效益的发挥。

　　2007 年启动的中国科学院知识创新工程重大项目课题"海河流域治理工程生态环境效应遥感监测与评估"（KZCX1-YW-08-03），也得到了世界银行全球环境基金（GEF）"海河流域水资源与水环境综合管理项目"的资助，本书是这两个项目部分研究成果的总结，与《流域遥感》构成姊妹篇，重在利用土地覆被、水文参量等的遥感数据产品开展流域治理工程的生态环境效应评估，包括地表蒸散发、地表温度、叶面积指数（LAI）、生物量、土地覆盖、灌溉耕地、种植结构、水利工程数量/状态/功能及其布局、河道及水面变化、地表河网结构、湿地分布、湿地结构、地表硬化率、城镇化速率，以及公路、铁路等基础设施分布等。

　　流域治理工程评估是一项非常复杂的工作，流域治理工程的生态环境效应本身具有的复杂性（宏观、多尺度、动态、滞后、直接、间接、短期、长期、显性、隐性、交叉复合等），使得监测评估具有很大难度。流域治理的直接效应是改变流域水系水资源分配格局，但间接效应可能会导致城镇化发展、水系统退化、湿地消失等；还将对土地利用结构或区域气候产生影响，带动区域城镇化发展或居住环境改变，构成了明显的交叉复合特点；地下水位恢复可减少地下漏斗和地面沉降，也可能导致土壤盐碱化、沼泽化和潜育化；对流域治理重大工程开展跟踪评估或后评估可以及时发现问题、总结经验、提出对策，将工程负面效应降到最低，且正面效益发挥到最大，这对实现流域治理综合效益的长期持续发挥至关重要，也可以从中吸取教训，为其他流域开发提供借鉴作用，避免相同的问题再次发生。

　　然而，流域治理工程的评估涉及的区域大、时间长，需要从深层面剖析生态环境效应的复杂性、累积性和异质性，因此数据支撑是一个大问题。为了实现流域治理工程生态环境效应定量监测、评估与预警，需要构建遥感与生态学相结合的评估方法体系。21 世纪以来，随着对地观测数据的爆炸性增长和广泛应用，人类实现了对地球的多尺度、全方位的立体观测，海量多源遥感数据产品给资源环境监测带来了极大的便利，为流域治理工程评估提供了丰富的数据源，为资源环境问题的发现提供了新途径。

　　充分利用海量多源遥感数据产品，开展流域治理工程评估，主要包括五个方面的内容：一是下垫面和水文生态参量的时空格局变化。着重从土地覆被变化、河流变迁、湿地变化、不透水面变化及植被覆盖度等方面阐述不同时期水利治理工程、城市及城镇开发建设及生态建设工程的直接效应。二是从流域耗水角度重新认识流域水资源管理的现状及存在问题。从水循环要素，即蒸散发、降水、径流和地下水四方面分析水文参量的时空格局变化过程，结合生态参量变化，分析流域现状水资源可消耗量，评估土地覆被格局对水资源可消耗量的影响，为水资源三条控制红线中的"总量控制"红线管理提供服务；通过对灌溉需水量的研究，分析以地下水源为主的地区作物种植结构对地下水利用的影响；通过对平原区水分生产率的分析，重新认识节水灌溉农业水分生产效益的现状及存在问题；从耗水角度，分析评价现状农业的节水潜力空间，发现目前节水存在的误区，认识到节水高效农业的发展面临"节水"与"粮食安全"权衡的艰巨任务。三是针对流域重要的生态建设工程——水土流失治理工程，通过土壤侵蚀量的时空动态变化特征分析，评价流域特别是密云和官厅两库上游地区水土流失治理工程的成效，并提出治理控制的对策与措施建议。四是进行人类活动特别是水利工程建设对水系统影响的定量评价，面对流域水资源严重短缺的危机提出适应性对策及建议，并且着重针对湿地的恢复提出建议。五是综合各个方面的评价结果评估流域的活力，把握南水北调工程和城镇化建设提供的机遇，从人水和谐角度，提出变化环境下恢复流域活力的空间结构调整措施，为海河流域快速冲出"U"字形谷底、实现流域可持续发展提供科学依据，并为南水北调工程的跟踪评估做好准备，为其他流域管理提供借鉴。

前面提到的两个项目早在 2011 年就已经验收，但时至今日，我们才组织编写本书。项目提出的评估方法需要以论文的形式陆续发表，持续了很长时间，这是编写工作延迟的原因之一，但更为关键的是流域治理工程的评估需要长时间序列数据的支撑，数据序列越长，越能揭示生态效应，为此我们花费了大量的时间准备数据、处理数据，形成了覆盖全流域的长时间序列数据，有些数据则延长到 2015 年。

未来随着云服务和机器学习的发展，我们无需将大量数据下载到本地进行处理，只需将分析处理后的最终结果提取或下载到本地分析使用，从而摆脱了运算、存储能力的限制，大大提高了监测和评估的效率，并可以采用更长的时间序列、更高的空间尺度对地表生态环境进行监测分析，到时候流域治理工程的评估就不需花费这么长的时间了。

本书从遥感与地面结合的角度开展流域治理工程的生态效应评估，这是一项新的尝试，但由于作者水平所限，书中存在疏漏在所难免，敬请读者和有关专家批评指正。

吴炳方

2019 年 1 月

目　　录

第1章 概 述

1.1 海河流域概况

海河水系是我国七大江河之一，拥有潮白河、永定河、大清河、子牙河、漳卫南运河五大支流，最后汇集天津，注入渤海。海河水系与邻近的滦河水系及徒骇马颊河水系共同组成了海河流域，面积32.06万 km²，总人口约1.5亿。海河流域包含天津、北京、河北、山西、山东、河南、内蒙古和辽宁8个省区的全部或部分地区。

海河流域属资源性缺水地区，多年平均降水量535mm（1956~2000年系列，户作亮，2011），是中国东部降水最少的地区；此外，由于全球气候变化的影响，1980~2000年，海河流域平均年降水量与前24年相比较减少了61mm，2000年后，全流域降水继续偏少，对本来严重缺水的海河流域更是雪上加霜。2001~2007年，海河流域年平均降水量仅为478mm。多年平均水资源量370亿 m³（1956~2000年系列，户作亮，2011），仅占全国的1.3%，其中地表水资源量216亿 m³，地下水资源量235亿 m³（1980~2000年系列，户作亮，2011）。人均水资源占有量不足270m³，不到全国平均水平的1/8（陈太文等，2013）；亩（1亩≈666.7m²）均水资源量只有213m³，只相当于全国平均水平的12%（郑世泽和李秀丽，2009）；人均、亩均水资源量在全国所有流域中是最低的，但却以不足全国1.3%的水资源量，承担着11%的耕地面积、10%的人口、14.1%的GDP供水任务，与经济社会发展对水资源的需求极不相称，属于严重资源性缺水地区[①]。

目前海河流域水资源开发利用率远远超过国际公认的40%的合理开发界限。2007年海河流域经济社会总用水量403.03亿 m³，其中农业、工业、生活用水量分别为273.46亿 m³、60.38亿 m³、62.84亿 m³，扣除当年引黄水量43.85亿 m³，当地水资源利用量达359.18亿 m³，远远超过了流域水资源的承载能力。以1995~2007年作为开发利用程度的评价时段，海河流域水资源开发利用率达到108%，其中，徒骇马颊河、滦河及冀东沿海开发利用率分别为83%和89%，海河南系、海河北系的开发利用率高达117%和118%。

目前，流域内水资源供需矛盾十分尖锐，自然形成的水系统已被破坏而且严重退化，制约了区域的社会经济发展，使人居环境进一步恶化，威胁了人类的生命安全。主要表现为：①河道断流，自然水系统严重退化。用水大量增加，造成河道干涸断流、河道功能退化。一些河道虽然有水，但主要是由城市废污水和灌溉退水组成，基本没有

[①] 朱晓春，李木山，宋秋波. 2009. 基于目标ET的海河流域节水和高效用水的对策探讨. 2008年GEF海河流域水资源与水环境综合管理项目国际研讨会，35-40.

天然径流，"有河皆干，有水皆污"已成为海河流域的一个突出问题。②地下水位下降，资源量濒于枯竭。自 1978 年国家实施农村家庭联产承包责任制以来，流域机电井灌溉农田面积得到迅猛发展。截至 2010 年海河流域地下水累计超采量已超过 900 亿 m³，浅层地下水超采区面积已达 5.96 万 km²，形成比较大的浅层地下水漏斗 11 个（韩鹏，2015；贾绍凤等，2016）。地下水的严重超采、资源量枯竭加剧了水系的紊乱。③湿地大面积萎缩，功能下降。以"华北明珠"白洋淀为例，自 20 世纪 60 年代以来出现 7 次干淀，干淀时间最长的一次是 1984～1988 年。自 1992 年以来，为维持白洋淀基本生态水位，已经 12 次从其他水库调水。海河流域存在的水资源严重不足、地下水大量超采、湿地退化等一系列生态环境问题，给生态系统带来不利影响。水资源不足也严重制约了当地社会经济的发展，同时干涸的河流丧失了自净能力，成为污水河，不仅恶化了人居环境，还威胁了人类的生命安全。

1.2　海河流域综合治理工程与开发

1.2.1　综合治理工程

自 20 世纪 60 年代开始，流域人类活动不断加强，水利工程设施与灌溉农业得到迅速发展，流域水循环已经打上深刻的人类活动的烙印。为提升粮食安全保障能力，增强海河流域的洪涝灾害抵御能力，我国在海河流域修建了大批水利工程设施，截至 2014 年，海河流域有 26 座大型水库、107 座中型水库、1154 座小型水库、346 个拦河坝、59 个橡胶坝与 481 个水闸，与 1960 年相比，大型水库增长 24 座，中型水库增长 39 座，小型水库增长 399 座，拦河坝与水闸分别增长 11 个与 33 个。水利工程设施的修建使海河流域河水的拦蓄能力已经达到极致，大幅度提升了流域抵御洪水与灌溉保障的能力。当前，海河流域注入渤海的径流量主要体现为超越水利工程设施拦蓄能力的洪水水量。根据工程的特点可将流域内工程建设划分为三个阶段：50～60 年代中期、60 年代中期至 1980 年和 1980～2000 年。

第一阶段（50～60 年代中期），是以兴建山区水库为重点的初步开发治理期。在此期间相继建成了官厅、密云、岳城、岗南、黄壁庄等 25 座大型水库和一大批中型水库。水库调洪、蓄水、灌溉、供水，改变了流域内水系的自然状态，水文状况发生了较大的变化。

第二阶段（60 年代中期至 1980 年），是以开辟平原人工减河为重点的平原河道治理期。1963 年海河流域发生特大洪水灾害后，开展了"根治海河运动"，以扩大和新辟人工减河为重点进行大规模的平原河道治理。到 1980 年，海河流域平原已基本形成了人工化河道，海河水系河流改变了原来各河集中汇集海河的自然流势。中东部平原形成了以人工减河为主的河道体系，中西部平原天然河道因在两岸加筑了防洪堤防，也失去了大水泛滥、小水归槽的天然河道特性。这一阶段还开垦了大量的农田并积极发展灌溉农业，仅河北省境内在 1963～1973 年，灌溉面积增加了 2700 多万亩，达到了 4900 多万亩，1973 年为 1963 年的 2.23 倍，扭转了历史上"南粮北运"的局面。

第三阶段（1980~2000 年），是以建设城市供水工程和地下水开发为重点的时期。为满足城市用水，建设了潘家口、大黑汀、桃林口、大浪淀等以城市供水为主的水库，兴建了引滦入津、引青济秦、引黄济冀等大中型引水工程，同时还修建了一批引水渠道，如京密引水渠和永定河引水渠等引水工程 6000 余处。与此同时，"家庭联产承包责任制"带来的包产到户、发放自留地等措施刺激了农民种地积极性，灌溉水量大大增加，使得平原地区地下水用水量、山区农民引水量大增。这个时期也是海河流域经济高速发展、城镇快速扩张的时期。海河流域 GDP 总量 1985 年约为 1150 亿元，城镇化率为 28%，到 2006 年，海河流域的 GDP 总量达到 2.8 万亿元，增长至 24 倍多，城镇化率超过 40%。在此阶段，随着生态环境保护的重视、可持续发展治水新思路的兴起，海河流域也相继开展了以水资源保护、生态恢复为目的的流域生态治理工程，如海河流域上游水土保持治理工程、农业节水工程及农业种植结构调整等具体举措，主要包括农业措施、生物措施及管理措施等。

30 年间（1950~1980 年），海河流域治理的投资总额达 70 多亿元。修建水库 1915 座，总库容 268.48 亿 m^3，控制了山区流域面积的 83%，其中大型水库 30 座，库容 219.5 亿 m^3；中型水库 110 座，库容 33.51 亿 m^3。初步整治滞洪洼淀 32 处，总滞洪能力 191 亿 m^3。大中型水库总蓄水能力达到 459 亿 m^3，是地表水资源量的 2 倍。开挖、疏浚骨干河道 50 余条，其中新辟入海水道 8 条，总计排洪入海能力 24680 m^3/s，为 1949 年入海能力 2420 m^3/s 的 10 倍左右。修建 10 万亩以上灌溉工程 70 处，机电排灌站 20146 处，装机容量 143.82 万 kW，打机井 200 余万眼，修建装机规模大于 1 万 kW 的水电站 15 座，总容量为 71 万 kW。

海河水系的五大河流基本上都有大型水库控制山区流域面积。例如，漳卫南运河支流上的岳城水库，子牙河支流滹沱河的黄壁庄水库和岗南水库，子牙河支流滏阳河上的朱庄水库和临城水库，大清河上的横山岭、西大洋和王快水库，永定河的官厅水库和潮白河的密云水库等。海河水系的五大河流的中下游也有相应的整治工程。子牙河加固、展宽了北大堤和南大堤，修建滏阳河中游洼淀滞洪工程，开挖滏阳新河，开辟直接入海全长 144km 的子牙新河，泄洪能力 9000 m^3/s；永定河、潮白河、北运河及蓟运河等尾闾开挖了长 65km 的永定新河，设计泄洪能力 1400 m^3/s，沿途纳北京排污河、潮白新河及蓟运河洪水，海口最大泄量 5763 m^3/s，于北塘入海；卫运河修建了漳卫新河，自四女寺到海口全长 217km，排洪能力为 3000 m^3/s；大清河修建了白洋淀滞洪工程，滞洪能力约 9 亿 m^3，加固河道堤防，疏浚河道，扩大中、下游河道行洪能力，开挖长 70km 的独流减河，通过北大港直接入海，行洪能力为 3200 m^3/s。

1.2.2　综合治理成效

海河流域经过几十年的治理，取得了显著成效。

1. 根治了洪涝灾害

治理工程实施后，海河流域山区大型水库控制了山区流域面积的83%；在各水系的下游都有了单独的入海通道，排洪能力比大规模治理前提高了4.34倍。截至2015年，历史上危害严重的洪涝灾害威胁已基本上得到解除。1996年海河流域发生的洪水达到了30年一遇，但流域安然度汛，没有造成大的危害，流域治理工程避免的粮食减产达180亿~200亿kg，防洪除涝经济效益约900亿元（1996年价格）。大规模治理后短短数天的洪水滞留时间与1963年的大洪水滞留天津市2个月造成的危害不可同日而语。经过治理，流域中部和东部排水出路基本打通，防涝骨干工程基本建成，排涝标准一般达3~5年一遇，有的达10年一遇及以上。易涝易碱面积从5400万亩左右减少到875万亩左右。

2. 扭转了"南粮北运"局面

"南粮北运"曾是我国经济格局的显著特征，海河流域综合治理工程与开发的实施，扭转了这一局面。通过水利工程的建设和灌溉农业的发展，海河流域形成了18处2万hm²以上的大型渠灌灌区，流域耕地面积已经达到了1127亿hm²，占全国总量的11%，灌溉面积由1952年的1750万亩增加到2000年的1亿亩，相应的粮食产量由1395万吨增加到4576万吨，增加2.28倍，粮食总产量约占全国粮食总产量的10%，其中，主要粮食和经济作物产量占全国比重较高的有玉米（占20%）、小麦（占16%）、棉花（占32.8%）、花生（占12.8%）、芝麻（占10.97%），是全国粮食和经济作物的主产区和重要的商品粮基地。

3. 保障了生活与生产用水

流域治理工程通过一系列工程措施，在流域水资源总量下降的情况下增加水资源供给量，满足了流域内北京、天津等特大城市的用水需求。海河流域总用水量从1952年的91亿m³、1970年的200亿m³、1980年的397亿m³增加到2000年的402亿m³，其中城镇生活和工业用水由1952年的8亿m³、1970年的25亿m³、1980年的55亿m³增加到2000年的101亿m³，农村用水由1952年的83亿m³、1970年的175亿m³增加到1980年的342亿m³，后又逐渐降到2000年的301亿m³[①]。

1.2.3 生态环境问题

目前，海河流域内水资源供需矛盾十分尖锐，自然形成的水系已被破坏而严重退化，制约了区域的社会经济发展，恶化了人居环境，甚至威胁了人类的生命安全。面对海河流域日益严重的生态环境问题，2002年4月温家宝副总理做出重要批示："采取综合措施遏制海河流域生态环境恶化已刻不容缓，必须抓紧规划和落实。有关地方

---

① 海河水利委员会. 2005. 海河流域生态环境恢复水资源保障规划.

和部门的负责同志要充分认识这项工作的必要性和紧迫性"。

为此，水利部海河水利委员会制定了我国第一部流域生态与环境恢复水资源保障规划——《海河流域生态与环境恢复水资源保障规划》，于2005年7月19日在北京通过水利部审查。该规划的编制是海河水利委员会落实科学发展观、推进可持续发展水利、当好流域河流生态代言人的重要举措，为流域生态与环境修复提供了科学依据，体现了党和国家治理海河流域生态环境的决心。

恢复海河流域的生态环境，还流域以活力是必然的选择，但是如何恢复、采取何种策略却面临着诸多的问题。

1. 海河流域经济处于高速发展阶段

海河流域是我国重要的工业基地和高新技术产业基地，经济正处在高速发展的阶段。

自改革开放以来，天津滨海新区成为中国北方发展最快的地区之一。1986年邓小平首次提出开发建设滨海新区的想法，1994年天津市开始建设滨海新区，规划面积2270km^2。2005年10月的《中共中央关于制定国民经济和社会发展第十一个五年规划的建议》将天津滨海新区正式纳入国家规划战略，2006年5月26日国务院发布《关于推进天津滨海新区开发开放有关问题的意见》，批准天津滨海新区为全国综合配套改革试验区。依托京津冀、服务环渤海、辐射"三北"、面向东北亚，努力建设成为我国北方对外开放的门户、高水平的现代制造业和研发转化基地、北方国际航运中心和国际物流中心，逐步成为经济繁荣、社会和谐、环境优美的宜居生态型新城区。这是中国继20世纪80年代开发深圳、90年代开发浦东之后，又一个区域开发的重大战略举措。

到2020年，海河流域GDP从2006年的2.8万亿元增长至7万亿元，城镇化率由43%增至66%，人口增至1.57亿（韩瑞光，2011）。经济发展对水土资源、生态环境的要求更高，同时给生态施加的压力也更大。例如，随着流域内工业化程度和农田施肥量的增加，工业污（废）水排放量增加、农田面源污染加剧，受污染河长由20世纪70年代末的28%增长到2000年的71.6%。20多年来，水污染已由局部发展到流域、由下游蔓延到上游、由城市扩展到农村、由地表延伸到地下，海河平原已呈现有水皆污的恶劣局面。水污染加剧了流域水资源短缺，使得水资源对经济发展的制约进一步凸显，海河流域水资源现状与其面临的高速经济发展的需求已极为失衡。

但经济的发展也给流域生态与活力的恢复提供了机会。一方面，经济发展到了一定水平后，才有能力通过流域综合管理来改善流域生态环境。另一方面，海河流域快速城镇化虽增加了流域的生态环境压力，但撤村并镇、人口集中，减少了对土地总量的占用，给流域生态恢复提供了空间，也为流域活力恢复创造了条件。同时，农村人口及居住地的减少，在山区有利于退耕还林、减轻人类活动对当地生态环境造成的压力；在平原区有利于提高农业集约经营水平，提高水资源利用率。

2. 水资源开发利用率太高

海河流域属于资源性缺水比较严重的地区，流域多年平均水资源总量为372亿 m^3

（1956～1998 年系列），流域人均占有水资源量仅 372m³，不足全国平均水平的 1/7、世界平均水平的 1/27，远远低于国际公认的人均 1000m³ 的水资源紧缺标准（曹淑敏，2004）。1965 年以来，流域基本常年处于干旱状态，水资源已没有大规模开发的潜力，1980～2000 年流域平均水资源总开发利用率达 98%，远远超过国际公认的 40% 的合理开发界限（王文生等，2010）。

海河流域地处半湿润地区，而其水资源开发利用率已相当于干旱地区的水平，这在全世界也是罕见的。如此高的水资源利用率必定与流域治理工程存在一定程度的因果关系。上蓄下排的治理方略改变了流域水资源的时空分布格局，"上蓄"使有限的水资源被拦截在水库及堤防之中，极大减少了河道径流量，"下排"使流域原本不多的降水资源也被迅速排入大海。

海河流域总体上属于缺水地区，流域内部地区之间的水量调剂余地和潜力已很小，而南水北调工程的启动将通过增加华北地区的水资源供给量改善和修复区域生态环境。但南水北调工程的主要供水对象是 44 个大中城市，解除城市的水资源短缺问题，调水后海河流域水资源利用率仍然高达 80% 以上。因此，单纯依靠南水北调工程外来调水来解决海河流域水资源短缺问题不太现实，还得从合理布置工程措施、调整农业种植结构、改善流域水源涵养能力、增加地表持水能力等流域内部的综合管理措施中恢复流域活力，实现流域的可持续发展。

3. 治理工程改变了流域自然属性、恢复困难

海河流域生态环境的恶化，除自然因素及社会、环境因素外，与长期的单一防洪治理不无关系。在设计标准以下的年份中，上游蓄得太多，减少了下游的来水量，流域内天然河道萎缩、沙化、废弃，天然湿地消失；为了争夺排水河道里的少量过境径流，沿途不断建闸蓄水，使原本畅通的河道像"竹节"一样，河床干湿交替，上下不畅，流域封闭。河流在多年干涸后，河床对水流的阻力增大，泄洪能力下降，很多河道也被开发利用，失去了其作为排洪通道的功能。作为流域内主要河流之一的永定河，其下游干涸的河道内就修建了近千亩的高尔夫球场。

海河流域 1956～2000 年年径流量的趋势分析显示径流减少趋势显著，线性倾向率是-2.8658 亿 m³/a（吴大光等，2011）。张莉茹等（2017）对海河各典型流域天然径流水文序列的分析发现，转折年份大都集中在 20 世纪 60 年代末至 70 年代初，这与海河流域自 60 年代中后期以来进行大规模的水利建设有关。

大量的湿地在干涸后也被开发利用，形成了居民区或工业区，即使有了充足的水源，这些被开发占用的湿地也难以恢复。很多蓄滞洪区在上游来水逐年减少后，也不同程度地被开发利用。海河流域有蓄滞洪区 26 处，总面积 9560.06km²，30 年来蓄滞洪区内人口已增至 466.8 万人，财富积累不断增大，蓄滞洪区成了防洪保护的对象，很难发挥防洪功能（刘玉忠等，2001）。

另外，大量的水利工程没有得到充分的利用，每年还需要投入大量的维护费用。以密云水库为例，建成以来从未蓄满过水，近年蓄水还不到其库容的 1/4。还有一些以防洪为目的的水库自建成后竟然从未蓄过水，修建的新河与减河也存在同样的问题，有的从未投入使用过，一些蓄滞洪区甚至从来没有发挥蓄滞洪水的作用。这些没有利用的水利工程在一定程度上导致流域的片断化，降低了流域活力。

在国外，德国、法国、荷兰等国都普遍采取了"退田还河"和还河道以原貌的措施，如德国、荷兰在一些河道上舍直取弯，拆除堤防，恢复泛区自然蓄水状态，保持水生动物适宜的生存条件等，以创造良好的自然环境。在国内，洞庭湖流域在1998年大洪水后，采取了大面积的退田还湖、退垸还湖措施，以求洞庭湖生态环境的恢复。海河流域要想实现生态环境与流域活力恢复，也可以考虑类似的对策。目前已有流域规划中大都提出了生态恢复的目标，但对于能否恢复、恢复的时空分布并没有空间上定量的认识，这就需要充分发挥遥感与多学科的综合，从空间尺度来提出科学的决策依据。

恢复海河流域的生态环境，还流域以活力，需要充分利用南水北调工程和流域城镇化高速发展带来的机遇，从流域综合管理角度，提出一个综合的、全盘的、战略性的、流域尺度的解决方案，在促进经济社会发展的同时，尽可能地恢复流域活力。提出这样的方案需要建立在翔实和科学的信息基础之上，认真评估治理工程的生态环境效应，掌握流域水系统退化的过程及规律，评价流域水系统（主要包括湿地、河流等）的可恢复性及空间分布，分析在新的环境下治理工程的适应性，以及威胁流域活力的社会、经济、政治和自然方面的原因。

1.3 流域治理工程的评估

流域治理工程规模大、投资大、效益大、影响大，风险也大，是增强经济发展后劲的基础，是提升国家可持续发展能力和增强综合国力的重要举措，对促进我国经济社会的可持续发展和社会稳定具有非常重要的战略意义。如何让流域治理工程发挥最大的综合效益，面临着如何用好、管好这些重大工程的迫切需要；为此需要：①掌握和了解确切的工程成效，了解工程实施效果与规划目标是否存在差距；②发挥工程综合效益，从全局观点出发，突破部门分割，避免强调主体功能忽略其他功能，全面发挥重大工程的多元目标，实现综合效益；③通过监测数据与评估，及时发现存在的问题，提出减缓对策或调整建设与运行模式等。

流域治理工程大规模地改变了下垫面，不可避免地对生态环境产生影响，这种影响不仅贯穿于重大工程的整个生命周期，还延及久远，重大工程即使失效或停用，影响仍然存在。例如，三门峡工程，立项之初就遭到陕西省方面的坚决反对，但三门峡工程并没有因此停止。1960年，大坝基本竣工，并开始蓄水。1961年下半年，陕西省方面的担忧变成现实：15亿吨泥沙全部铺在了从潼关到三门峡的河道里，潼关的河道抬高4.4m，渭河成为悬河。关中平原的地下水无法排泄，田地出现盐碱化甚至沼泽化，粮食因此年年减产。1973年淤积延至临潼以上，距西安只有14km。1964年和1968~1979年进行了两次较大规模的改造，但情况并没根本改善。2003年，渭河流域发生了50多年来最为严重的洪灾，有1080万亩农作物受灾，225万亩农作物绝收，数十人死亡，515万人受灾，直接经济损失达23亿元。但是这次渭河洪峰仅相当于三五年一遇的洪水流量，因而，陕西省方面将这次水灾的原因归结为三门峡高水位运用导致潼关高程居高不下，渭河倒灌以至于"小水酿大灾"。根据 2004 年陕西省人大代表和政协委员联名提议，三门峡水库目前已停止发电。主要功能的丧失意味着大坝的死亡。但大坝上下游大量淤积的泥沙造成的影响还将长期存在，三门峡市的可持续发展也面临严重的挑战。

另外，流域治理工程建设与运行中，会出现新的或意想不到的生态环境问题，危及工程的生命和效益的发挥。例如，引滦入津工程投资 24 亿元，1983 年 9 月建成，工程累计向天津供水 170 亿 m³，成为天津经济和社会发展的"生命线"。但运行中发现潘家口水库、大黑汀水库和于桥水库及输水渠道水体受到不同程度污染，对天津市的供水安全构成威胁。2002 年 2 月，又投资近 24 亿元，实施引滦入津水源保护工程建设。但是，随着唐山经济的快速发展，特别是曹妃甸开发区的建设和冀东南堡油田的开发，要大量使用滦河水，造成与天津争水加剧，可能导致天津无水可引。

流域治理工程投资大而工期长、影响广泛而深远，生态环境问题贯穿于流域治理工程的整个生命周期，而且具有宏观、多尺度、动态、滞后、直接、间接、短期、长期、显性、隐性、交叉复合等的复杂性特点，造成监测评估难度大。流域治理的直接效应是改变流域水系水资源分配格局，但间接效应可能会导致城镇化发展、水系统退化、湿地消失等。地下水位恢复可减少地下漏斗和地面沉降，也可能导致土壤盐碱化、沼泽化和潜育化；还将对土地利用结构或区域气候产生影响，带动区域城镇化发展或居住环境改变，构成了明显的交叉复合特点。海河流域出现的"有河皆干、有水皆污"的局面是否与海河流域治理工程相关，治理工程是否存在防洪过度问题等，政府、公众、科学界对此深为关注。因此对流域治理工程的生态环境效应进行跟踪评估和后评估就尤为必要，可以及时发现问题、总结经验、提出对策，将工程负面效应降到最低、正面效益发挥到最大，这对国家管好、用好重大工程，实现重大工程综合效益的长期持续发挥至关重要。对于影响因子变化慢、影响慢的环境问题，跟踪评价不是很必要，但对短期内快速显现的生态环境问题，则需要进行跟踪评估，以便及时发现问题，提出对策，为保证工程综合效益的发挥提供科学依据。

后评估通常在工程投入运行 10 年后进行，这时工程引发的生态环境问题已基本显现出来。例如，埃及阿斯旺大坝与美国葛兰峡谷大坝分别是在竣工后的 21 年、25 年进行后评价的。海河流域治理工程在 1980 年基本结束，到目前已有近 40 年的时间，也正是后评估的良好时机，已有的流域治理工程需要在新的环境下重新审视，客观评估流域治理对流域自然生态系统的影响，明确海河流域生态环境近 60 年来由自然平衡转向失衡并持续恶化的原因，为流域活力恢复与可持续发展提供支撑。

但由于流域治理工程的评估涉及的区域大、时间长，需要从深层面剖析生态环境效应的复杂性、累积性和异质性，尚没有成熟的评估方法体系，而且数据支撑还是一个大问题，地面观测数据很难反映流域全局的生态环境效应。自 20 世纪 60 年代以来，随着对地观测数据的爆炸性增长，人类开始对地球实现多尺度、全方位的立体观测，海量多源遥感数据产品给资源环境监测带来了极大的便利，为流域治理工程评估提供了丰富的数据源，为资源环境问题的发现提供了新途径，为创建一套遥感与地面结合的流域治理工程生态环境效应综合监测与评估的方法体系奠定了基础。

1.4　本书主要内容

纵观全球发达国家的流域治理过程，流域的社会经济发展水平与生态环境呈现出"U"字形关系。在流域发展的早期，社会经济发展为粗犷型，常常伴随着生态环境的恶化，而到了流域经济初步发展阶段，生态环境的恶化就会成为制约社会经济进一步发展的主要因子（"U"字形的底部），这个时候必须（也有能力）进行生态环境的治理，使流域的社会经济与生态环境共同发展，走上一条流域可持续发展的道路。

2006年海河流域正处于"U"字形的最底部，经济社会已经发展到了一定水平，人均GDP超过2万元，但生态环境严重恶化，与区域经济社会发展严重不相协调，流域的可持续发展需要尽快冲出"U"字形谷底。生态环境意识的不断增强，城镇化的快速发展，使得海河流域已经进入以可持续发展和人水和谐为目标的流域管理新阶段，因此需要把握南水北调工程为流域经济发展、生态环境恢复提供的良好契机，恢复流域生态环境，实现流域内人与自然的和谐。

综合利用卫星遥感技术和野外观测调查方法监测获取海河流域土地覆盖/利用、治理工程、河流、湿地变化时空过程，从物质和能量平衡角度构建流域尺度水系统、生态系统模拟模型和农业水资源管理方法，分析流域降水、气温、蒸散发、径流、水面等水循环参量及水面、植被覆盖度、生物量等生态参量的时空变化特征，分析总结上述参量对流域水利和水土保持工程建设的响应规律，提出流域农业节水措施及河流、湿地生态环境恢复方案，为流域水资源合理规划和生态环境保护提供科学依据。

本书着重介绍流域水文生态参量时空格局分析与生态环境效应评估方面成果。主要包括以下内容。

1）河道、湿地等生态系统退化时空过程与可恢复性评估

研究流域内河流片断化程度、河道伸展的空间形态及湿地结构、功能的变化，分析治理工程对河道伸展性、湿地的影响。研究河道、湿地等自然生态系统退化的时空过程，分析流域治理及开发、城镇化、土地整理、人口集聚等因子的时空格局对河道与湿地退化或恢复的影响，评价河道与湿地可恢复程度及其空间分布，提出还河道、湿地空间的合理建议及可采取的措施。

2）流域水资源时空格局变化评估

分析流域降雨/洪水的空间格局及时间过程变化，评价治理工程对流域降雨/洪水时空分布格局的影响效应；分析径流系数、地下水地表水补排关系等因子的变化过程，分析流域治理工程对区域水资源量转化率的影响，评价流域水资源时空分布格局；分析流域地表水源涵养和流域的水分调蓄能力的时空变化格局，评估流域治理工程和水土保持对持水与蓄水能力的影响。研究不同治理阶段的水资源时空演变规律。

3）流域耗水格局与管理措施成效评估

研究流域不同土地类型条件下实际耗水量时空分布格局，分析流域真实耗水时空

分异规律的受制因素，估算不同区域、不同利用方式的节水潜力；根据灌溉节水管理措施评估农业节水及种植结构调整的成效，提出蒸散发定额及种植结构调整方案，将水分消耗量调整到与可利用的水资源量和经济产出相适应的水平。

4）海河流域活力评估

研究流域活力评价指标（持水能力、水资源利用率、枯水期流量、地下水位零下降保护指标、人均水面、入海水量、生态需水量、河道连通性、人均湿地面积、生物多样性等），评价流域活力状态，掌握流域活力的空间格局及可恢复性。

参 考 文 献

曹淑敏. 2004. 海河流域水资源开发利用现状及其对策. 海河水利, 2：9-10.

陈太文, 李伟, 谭杰. 2013. 优化配置水资源保障海河流域供水安全. 中国水利, 13：48-51.

韩鹏. 2015. 海河流域地下水开发利用现状与对策. 海河水利, 1：1-5.

韩瑞光. 2011. 海河流域推行最严格水资源管理制度的探讨. 水利发展研究, 7：8-11.

户作亮. 2011. 海河流域水资源综合规划概要. 中国水利, 23：105-107.

贾绍凤, 李媛媛, 吕爱峰, 等. 2016. 海河流域平原区浅层地下水超采量估算. 南水北调与水利科技, 4：1-7.

刘玉忠, 赵会强, 张长青, 等. 2001. 关于海河流域蓄滞洪区问题的思考. 海河水利, 6：21-23.

王文生, 等. 2010. 海河流域 ET 耗水量分布特征研究. 海河水利, 6：1-3.

吴大光, 王高旭, 魏俊彪, 等. 2011. 海河流域径流演变规律及其对气候变化的响应. 水科学与工程技术, 6：11-14.

张利茹, 贺永会, 唐跃平, 等. 2017. 海河流域径流变化趋势及其归因分析. 水利水运工程学报, 4：59-66.

郑世泽, 李秀丽. 2009. 海河流域水资源现状与可持续利用对策. 南水北调与水利科技, 7 (2)：45-46.

第2章 海河流域土地覆被与生态参量遥感监测与格局分析

2.1 土地覆被遥感监测与格局分析

利用 MSS、TM、ETM⁺影像，以及环境一号卫星、中巴地球资源卫星等遥感卫星数据，结合野外实地 GPS 调查数据和相应的地形图、交通图、水系图等必要地理图件，建立解译标准模板，根据中国土地覆被分类系统，采用面向对象的自动分类方法，结合人工手动修改完成了 1970 年、1980 年、1990 年、2000 年、2005 年、2010 年和 2015 年的海河流域土地覆被专题图的制作。

2.1.1 45 年时空变化特征

海河流域土地覆被类型复杂多样，按照林地、草地、耕地、湿地、人工表面和其他主要 6 种地类得到 1970～2015 年 7 期的土地覆盖空间分布图，如图 2.1 所示（这里

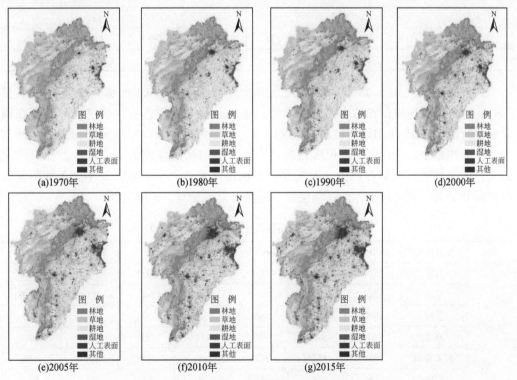

图 2.1 海河流域 1970～2015 年土地覆被分类结果

的耕地指的是农田生态系统,除耕地外,还包括耕地周边的田埂、沟渠等非耕地)。总体来看,流域耕地、林地和草地面积占比较大,耕地和建设用地主要分布在东部平原区,林地和草地主要分布在西部和北部山区。从空间分布来看,建设用地面积变化最为突出,呈辐射状向周边扩张,与20世纪70年代相比,80年代建设用地的增加主要集中在中大型城市,2000年以来不仅城市面积依旧呈现明显的扩张现象,而且在城镇及农村周边的扩张趋势也逐渐显化。

按照上述6种主要类型对土地覆被数据进行归并统计,得到不同时期的各种地类的面积信息(表2.1)。根据2015年土地覆被遥感监测结果,首先是耕地所占比例最大,约为全流域土地面积的44%,其次为林地占27%,然后是草地(16%)和人工表面(11%),湿地和其他用地所占比例共计2%。根据表2.1的统计信息,1970年以来面积变化率最显著的是建设用地、耕地和水域,建设用地面积呈逐年递增的趋势,耕地、草地和湿地呈逐年递减的趋势,人工表面和林地总体呈增长趋势。与1970年相比,2015年人工表面、林地和其他用地分别增加了约116%、8%和13%,耕地、草地和湿地分别减少了约10%、12%和39%。

表2.1　不同时期土地覆被面积信息表　　　　　　　　(单位：km^2)

土地利用类型	1970 年	1980 年	1990 年	2000 年	2005 年	2010 年	2015 年
林地	57999	58037	59074	59411	60428	62976	62827
草地	40694	40657	38630	37908	38515	35944	35910
耕地	113436	112397	112637	110086	107077	104401	102615
湿地	7383	5717	5145	4717	4507	4394	4471
人工表面	11747	14250	15571	18998	20682	23631	25353
其他	629	830	831	768	679	542	712

同样,按照上述6类主要类型,分别统计得到各省区的土地覆被的面积信息(表2.2)。由于地域位置的水热分布差异,土地覆被类型在各省区的空间分布存在明显差异。根据2015年土地覆被遥感监测结果,在海河流域内,草地面积以山西和河北最大,天津最小。湿地面积以天津和河北最大,河南和内蒙古最小。耕地面积以河北最大,山西其次,内蒙古最小。人工表面面积以河北最大,内蒙古最小。森林覆盖面积以河北最大,天津最小,但森林覆盖率则是北京市最高,天津最低。

表2.2　不同时期分省土地覆被面积信息表　　　　　(单位：km^2)

省区	土地利用类型	1970 年	1980 年	1990 年	2000 年	2005 年	2010 年	2015 年
北京市	林地	7514	7999	8336	8512	8937	9231	9382
	草地	1388	1363	1052	935	942	1051	1047
	耕地	5950	4915	4807	4325	3574	2830	2599
	湿地	491	443	428	410	280	284	309
	人工表面	1008	1624	1714	2161	2579	2940	2998
	其他	18	25	32	27	58	35	37

续表

省区	土地利用类型	1970 年	1980 年	1990 年	2000 年	2005 年	2010 年	2015 年
天津市	林地	370	400	397	488	537	549	538
	草地	182	271	169	132	179	162	145
	耕地	7768	7519	7374	6938	6428	6214	6100
	湿地	2132	2022	2188	2168	2139	1984	1902
	人工表面	1108	1279	1436	1790	2274	2638	2809
	其他	17	88	13	63	21	31	85
河北省	林地	30197	31143	32283	32275	33105	33362	33108
	草地	12389	11855	10143	9961	10413	10035	10200
	耕地	71772	71089	71265	70015	68282	67513	66486
	湿地	3669	2831	2275	1897	1829	1782	1863
	人工表面	7306	8454	9352	11294	11901	12862	13816
	其他	302	263	317	190	106	81	162
河南省	林地	3000	3058	2943	2963	2771	2832	2823
	草地	1095	597	598	599	599	714	709
	耕地	7822	8106	8179	8023	8150	7777	7608
	湿地	223	77	43	51	62	57	94
	人工表面	1012	1292	1386	1524	1567	1775	1928
	其他	9	32	13	1	14	5	0
内蒙古自治区	林地	828	718	665	682	671	648	646
	草地	2938	3391	3541	3506	3516	3122	3102
	耕地	1355	1087	1021	1034	1014	1338	1328
	湿地	125	59	23	20	19	22	22
	人工表面	65	45	49	56	78	173	190
	其他	50	58	61	62	61	59	68
山西省	林地	16078	14712	14444	14489	14402	16354	16323
	草地	22693	23166	23110	22763	22847	20846	20692
	耕地	18788	19698	20010	19774	19647	18740	18507
	湿地	743	285	188	155	179	264	280
	人工表面	1251	1560	1639	2180	2289	3248	3621
	其他	232	364	394	425	418	330	361

　　各地区主要类型变化趋势类似，然而变化幅度有较大差异。流域范围内，1970～2015 年各省区建设用地面积增加幅度为 89%～197%，增加最大的是北京境内海河流域区域（197%），其次是内蒙古境内海河流域区域（192%）、山西境内海河流域区域（189%）及天津境内海河流域区域（153%），增幅较小的是河北和河南境内海河流域区域（均为 90% 左右），变化幅度差异主要是城市及公路铁路网交通建设沿线发展水平

差异造成的。

1970~2015年各省区耕地减少幅度为2%~56%，北京境内海河流域区域减少幅度最大（56%），其次为天津（21%），河南、内蒙古、山西境内海河流域区域减少幅度均不高（2%左右），耕地红线控制的政策起到了作用，因此变化幅度较小。减少高耗水作物、发展特色农业为主的经济政策是北京地区耕地缩减的主要因素。

2.1.2 土地覆被年际转化规律

利用不同时期土地利用/覆被数据，设定分类原则，建立重映射表，进行图谱重构，生成了"涨势"系列图谱（图2.2和表2.3）。

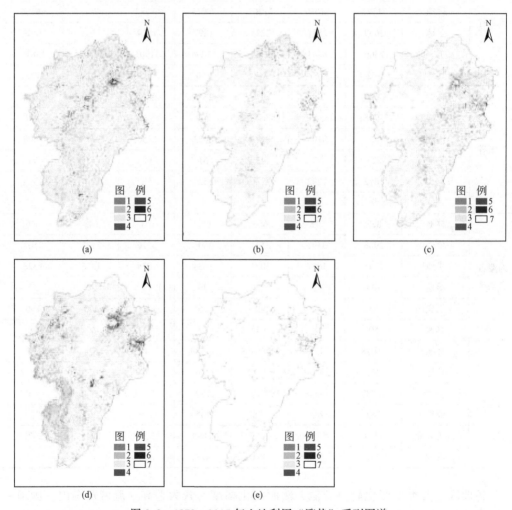

图2.2　1970~2015年土地利用"涨势"系列图谱

（a）1970~1980年；（b）1980~1990年；（c）1990~2000年；（d）2000~2010年；（e）2010~2015。1. 新增林地；2. 新增草地；3. 新增耕地；4. 新增湿地；5. 新增人工表面；6. 新增其他用地；7. 不变区域

表 2.3　"涨势"系列五个时序单元图谱结构列表　　（单位：km²）

编码	图谱单元类型	1970~1980 年	1980~1990 年	1990~2000 年	2000~2010 年	2010~2015 年
1	新增林地	7135	3426	2251	7984	309
2	新增草地	8342	2351	1778	6358	495
3	新增耕地	9790	3842	4366	6545	329
4	新增湿地	1505	597	794	719	322
5	新增人工表面	4067	1526	4883	6482	2007
6	新增其他用地	326	117	175	451	218
7	不变区域	200742	220049	217632	203360	228230

1970~1980 年，变化面积居第一的图谱单元类型为新增耕地，为 9790km²，集中分布在流域中南部平原向山区的过渡地带，在北部山区及沿海也有增加，分布零散。变化面积居第二的图谱单元类型为新增草地，面积 8342km²，主要分布在流域西北部到西南部的山脉沿线。此外，新增林地 7135km²，成为变化面积居第三的图谱单元类型，主要分布在流域的中部的太行山山脉一线，在流域的北部和南部山区也有零星分布。

1980~1990 年，土地利用变化面积居第一的是新增耕地，为 3842km²，新增的耕地总体上呈现零星分布，以南部居多；与草地的增长方式不同，林地的增长多为成片的增加，面积 3426km²，成为变化面积居第二的图谱单元类型。主要分布在流域的北部山区，平原上也有零星增加。变化面积居第三的图谱单元类型为草地，新增 2351km²，草地的增加主要集中在流域北部的张家口、赤城和怀来一带，另外，沿太行山山脉一线也有零星分布。

1990~2000 年，随着社会经济的快速发展，人工表面增加趋势明显，面积 4883km²，新增主要为北京、天津，以及石家庄等地级市的建设用地。变化面积居第二的图谱单元类型为新增耕地，为零星分布。

2000~2010 年，林地的增加占据主要地位，面积 7984km²，主要来源于北部山区的退耕还林及平原区果园的增加。变化面积居第二的图谱单元类型为人工表面，面积 6482km²，仍主要为北京、天津，以及石家庄等地级市的建设用地扩张。

2010~2015 年，各土地覆被类型新增速度大幅减缓，占主导的仍为建设用地扩张，面积 2007km²，其次为草地的增加，面积 495km²，主要分布在流域的西北部山区，多为退耕还草的结果，另外其他新增草地多为块状分散分布，主要为林地采伐逆向演替为草地所致。

综上，海河流域土地利用变化具有显著的时空分异特征，各种土地利用类型都有始终稳定不变的区域，尤以耕地最为明显，主要分布在流域东部的农业耕作区。除了稳定区域外，近 40 年流域土地利用变化主要以"耕地-草地-林地"和"耕地-建设用地"之间的转化较为明显。

2.1.3　驱动力因子分析

土地覆被变化受到自然因素和人类活动的共同影响。胡乔利等（2011）针对京津冀地区 1990~2000 年的土地覆被变化，通过对各指标与景观格局指数的相关矩阵分析，采用主成分分析法发现主要驱动力为社会经济、农业生产条件和政策三大驱动因素。交通作为社会经济发展的基础设施和产业，是促进经济发展的重要力量。因此，本书着重分析社会经济、政策和农业生产条件三个主导因素的变化，帮助理清流域土地覆被变化的原因。

社会经济的发展是建设用地扩展、耕地减少的主要因素。一方面，随着人口的持续增长，住房等基础建设设施也需要相应增加，造成城市和村庄不断向外围扩张而占用大量其他用地。另一方面，经济的快速发展主要表现如下：①铁路和高速公路、国道、省道等交通道路的建设，占用了大量的耕地和其他用地，拉动了区域经济的增长。②由于经济的刺激，劳动力向大城市或经济效益好的地方流动，促使城市规模扩大并不断向外扩张。③经济发展不仅体现在对本地发展的重要影响，而且对周边地区也有一定的带动或拉动作用，这种作用随着距离的增加而减小。④农民为了获得更大的收益，往往不断更换作物种植结构或者改变土地利用类型，如粮食作物改种蔬菜等经济作物或耕地改为林果等园地，以及未利用地或耕地变为建设用地以求获得更大的经济效益。

政策的影响也是一个重要的影响因素：①生态建设的需求，如"三北"防护林建设工程、京津冀风沙源治理工程、海河流域水土保持工程等计划，退耕还林还草是山区和水源地林地、草地增加，耕地减少的重要原因。②水资源安全的需求，由于海河流域过度的水资源利用引发了一系列的生态环境问题，国家从 20 世纪 70 年代以来相继启动了引黄济津工程、引滦入津工程、南水北调中线工程、河北省节水压采高效节水灌溉、地下水超采区综合治理等涉及工程建设、水利灌溉工程改造、退耕还林还草、种植结构调整等的项目，这些都是造成土地覆被变化的重要驱动因素。

农业生产条件对土地利用/覆被与景观格局变化的影响主要体现在农业机械的改进、化肥施用量的增加等方面，尤其是灌溉能力的提高导致许多旱地和未利用地变为良田。农业生产条件得到改善，使得许多难以耕种的未利用地和低产田变为高产田。

2.1.4　景观格局变化特征

土地利用变化研究与景观格局变化研究相结合，通过景观指数反映土地利用景观格局特征，可以更好地把握土地利用的时空演化规律及景观的时空变化动态，为区域决策提供科学依据。这里，选取能够反映景观破碎化程度的景观水平上斑块密度（PD）和 Shannon 均匀度指数（SHEI），在 100m 的景观尺度上分析流域景观格局变化特征。整体来看，海河流域近 45 年的景观格局呈现出波动性和多样化趋势。其中，斑块密度波动较大，Shannon 均匀度指数整体趋于上升但略有波动。1970~1990 年，斑块密度下降而 Shannon 均匀度指数略有上升，表明其间流域景观更加均质化，各类型斑块面积比例差异减小。斑块密度下降而 Shannon 均匀度指数上升，分析其原因，可能是改革开放以前城镇化进程较慢，生态恢复较好，改革开放以后，"家庭联产承包责任制"使广大农民的种粮积极性提高，整理闲散土地较多。1990~2015 年，随着经济的高速发展，城镇化进程的进一步加快及国家退耕还林还草力度的进一步加大，人类活动对流域景观的影响进一步加剧，表现为斑块密度及 Shannon 均匀度指数持续增，即流域的景观趋于破碎化和多样化（图 2.3）。

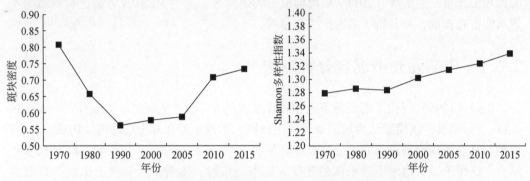

图 2.3　不同时期斑块密度与 Shannon 多样性指数变化图

海河流域 1970～2015 年人类活动强度具有显著的时空分异特征，在整个过程中，快速的城镇化进程使流域的景观破碎化和多样性指数处于不断的起伏变化之中；北部坝上高原耕牧交替的方式使原本脆弱的生态系统更加敏感，在国家大力推行退耕还林还草的政策下，景观格局出现较大的波动变化；太行山靠近北京至石家庄平原沿线的山区，人为的干扰及生态系统自身演替，使景观破碎化和多样化指数变化较大；滨海地区快速的城市化及开发区的建设，使得景观格局处于较大的变动之中。总之，平原区的人类活动强度高于山区的人类活动强度，平原区以城镇化发展、开发区建设及交通干道的辐射作用影响景观格局从而反映人类活动的强度，山区则在生态系统自身演替及人类开发建设双重作用下的景观格局反映人类活动的强弱。

2.2　不透水面遥感监测与格局分析

不透水面定义为诸如屋顶、沥青或水泥道路及停车场等具有不透水性的地表面（Arnold and Gibbons，1996）。不透水面盖度为某一区域内不透水面覆盖面积占整个区域面积的比例。随着社会经济的发展，中国城镇化水平越来越高，城镇化的快速发展导致了地表不透水面的增加。

传统的不透水面分布信息提取依赖于土地利用、土地覆被产品的重分类，即将人工表面等特定地类归并为不透水面。欧盟联合研究中心（JRC）在进行不透水面分布计算时，将 Corine 土地利用产品（CLC 2000）一级类中的人工表面重分类为不透水面（https：//land. copernicus. eu/pan-european/corine-land-cover/lcc-2000-2006/）。这种方法的缺点表现在：一方面，不透水面的分布集中在城区或人造表面，缺乏对其他自然表面的考量，如局部地区小颗粒黏土区及裸岩等；另一方面，在给定分辨率的情况下，将某个像元完全归并为不透水面，则会忽视亚像元透水部分对下渗的贡献。

当前有多种专门针对不透水面提取的遥感估算方法，如归一化差值不透水面指数（normalized difference impervious surface index，NDISI）方法（徐涵秋，2008）、多端元光谱混合分解（multiple endmember spectral mixture analysis，MESMA）方法（Roberts et al.，1998）。区别于传统方法，这些方法得到的不透水面结果由每个像元上的不透水面积占像元面积的百分比表示，从而可以定量、逐像元评价不透水区域面积占每个像元面积的比重。王浩等（2011）以海河流域为研究区，采用 MESMA 方法进行流域的不透水面信息提取，并分析了其时空变化格局。

2.2.1　多端元光谱混合分解方法

Ridd（1995）提出了表征城市生物物理组成的 V-I-S（vegetation-impervious surface-soil）三元模型，该模型认为城市景观可由植被、不透水面和裸土三种组分构成。V-I-S 模型与具有明确物理意义的线性光谱混合分解（spectral mixture analysis，SMA）模型相结合广泛用于城市地区不透水面的亚像元提取，植被、不透水面和裸土也成为影像像元光谱混合分解中常采用的端元。随后，用于光谱混合分解模型中的其他端元组合得到了发展。为了减少同类地物由于亮度差异而产生的光谱变异，又有学者发展了端元亮度归一化的光谱混合分解模型和多端元的光谱混合分解模型。

考虑到海河流域内不透水面及其他端元的光谱空间变异性很强，故采取多端元的光谱混合分解模型对不透水面盖度进行估算。传统的多端元光谱分解模型中，模型分解使用的端元种类可以变化，每种端元的光谱数目也可以变化，通常情况下，对模型使用的各端元分别选取几个或几十个光谱构成该端元的光谱库，每个像元分解时，各端元均从光谱库中选取一种光谱，从而得到多种分解结果，根据模型分解得到的残差选取最小残差所对应的分解结果作为像元的最终结果。端元的这种选择策略虽然能减少模型分解所产生的误差，但分解得到的不透水面盖度结果缺少连续性，图斑非常破碎。而且对于几十景的影像，解算起来运行效率非常低。因此，根据不同研究区域特点需要确定合适的端元类型数。王浩等（2011）针对海河流域，对每种端元类型仅选择具有代表性的 2~3 种光谱构成端元光谱库，对每个像元进行多端元的光谱混合分解，这种端元的选取策略既能从宏观上控制模型的误差，又能使结果具有很好的连续性和可读性。具体技术路线如图 2.4 所示。

端元的选取是模型建立成功与否的关键，端元的种类和数目均需确定。本节选取植被、不透水面和裸土这三种端元作为线性光谱分解模型的输入元素。研究区内所有的影像通过选取合适的影像端元来确保每景影像分解得到的不透水面盖度可靠。端元的选取有很多种方法（Lu and Weng，2004），本书将原始影像和已有的 SPOT5 高分辨率影像相结合，采用目视解译的方法在影像上手工选取端元。这主要是因为通过目视的方法手工选取影像端元，可以取得很高的分解精度（樊风雷，2008）。

如图 2.5 所示，植被端元从农田和山地林木密集区选取，分为亮植被和暗植被；不透水面端元从道路中央、屋顶和机场处选取，分为高反照率不透水面和低反照率不透水面；裸土从休耕的农田中或水库的两岸空地处选取，分为干裸土和湿裸土。并非每景影像均需选取上述各端元光谱，实际需要的端元类型视影像中地物光谱的变异性而定。这种多端元的选取方法，不仅提高了端元选取的速度，也加快了模型的运行速度。

根据每景影像所选取的植被、不透水面和裸土端元中的不同光谱组合，进行光谱

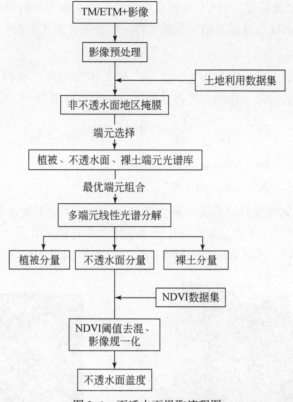

图 2.4　不透水面提取流程图

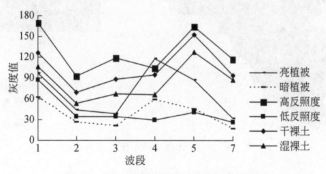

图 2.5　同一端元类型的不同光谱曲线图

混合分解，从而得到不同的分解结果。从多个结果中选取模型分解残差最小的植被分量、不透水面分量和裸土分量。初始得到的不透水面分量，即不透水面盖度，需经过一系列操作处理，消除其他因素造成的异常影响，得到更加符合实际的不透水面盖度。具体处理如下：

1）混淆植被去除

一些植被容易同低覆盖度的不透水面混淆，通过归一化植被指数（NDVI）阈值予以去除，算法如下：

$$如果 \ NDVI > NDVI_0, \ 则 \ ISC = 0 \tag{2.1}$$

式中，ISC 为不透水面盖度；NDVI$_0$为低覆盖度的不透水面与植被混淆的一个临界 NDVI 值，通过初始不透水面盖度结果图与原始 ETM+影像图交差比对获取。

2）归一化处理

受影像获取时的大气状况等因素的影响，每景影像分解后获得的不透水面盖度值缺乏可比性，因此采用归一化的方法将其转化至 0 到 1 范围内。

$$ISC^* = \frac{ISC - ISC_{soil}}{ISC_{max} - ISC_{soil}}, \quad ISC \in (ISC_{soil}, ISC_{max})$$

$$ISC^* = 0, \quad ISC < ISC_{soil} \tag{2.2}$$

$$ISC^* = 1, \quad ISC > ISC_{max}$$

式中，ISC*为归一化处理后的不透水面盖度值；ISC 为原始不透水面盖度值；ISC$_{soil}$为裸土的不透水面盖度值；ISC$_{max}$为地表完全为不透水面时盖度值。

通过上述处理后，海河流域的不透水面盖度分布图如图 2.6 所示。

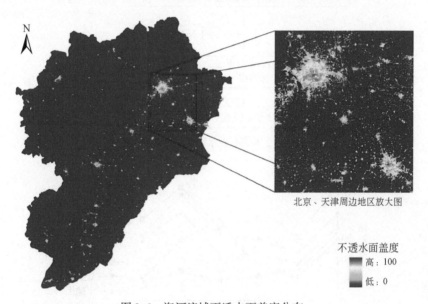

北京、天津周边地区放大图

不透水面盖度
高：100
低：0

图 2.6　海河流域不透水面盖度分布

不透水面盖度定量精度验证主要通过对比高分辨率（1m）航空影像分类结果实现。首先对 1m 空间分辨率的航空正射影像进行分类，获得包含基于不透水面的分类结果。在 1m 分辨率的前提下，结果中每个像元可以认为是纯像元，不存在地类的混合现象。然后在 ArcMap 中通过目视解译，手工修改不合理的不透水面分类斑块，获得高精度不透水面分布（图 2.7）。基于此分布，计算精度评价单元内不透水面面积所占的比例，由于缺乏野外实地验证数据，该比例可假定为单元内真实的不透水面盖度，可用于对估算的不透水面盖度进行精度评价。以真实值与估算值两者的平均相对误差（MRE）和相关系数（R）作为不透水面盖度的精度评价标准，对估算结果进行验证。王浩等（2011）利用 2000 年怀柔、密云地区及周围的 1m 空间分辨率的航空正射影像分类得到的不透水面盖度作为真实值，以 MESMA 方法得到的结果为估算值，采用两者的平均相对误差和相关系数指标评价不透水面盖度的精度，结果表明平均相对误差和相关系数分别为 12.1% 和 0.83，海河流域尺度的不透水面提取方法具有较高的精度。

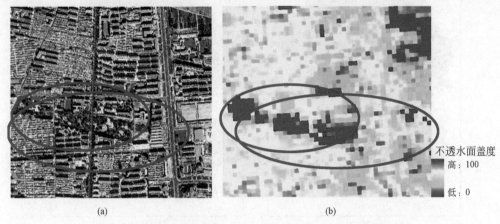

图 2.7　怀柔部分地区航片和 ETM+估算的不透水面盖度结果

（a）怀柔部分地区航片一角；（b）不透水面盖度估算结果

2.2.2　不透水面盖度时空变化分析

利用美国陆地卫星（Landsat）不同时期卫星影像和辅助土地利用数据相结合的方法，通过手工选取多个亮暗植被端元、高低反照度不透水面端元、干湿裸土端元，应用多端元的光谱混合分解模型快速提取不透水面盖度，并通过 NDVI 阈值选取、初始不透水面归一化等技术得到全海河流域 4 期（1970 年、1990 年、2000 年、2007 年）的不透水面盖度分布图（图 2.8）。

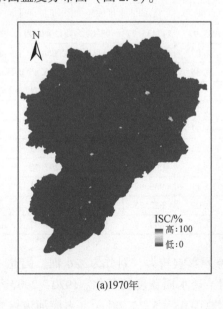

(a)1970年

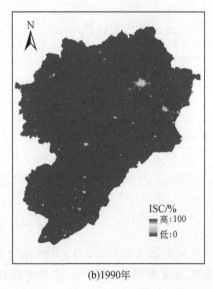

(b)1990年

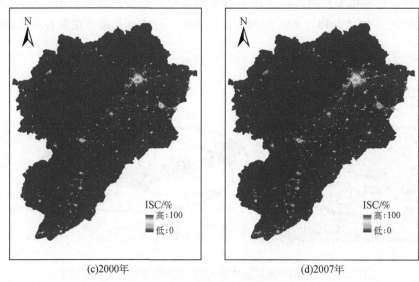

(c)2000年　　　　　　　　　　　　(d)2007年

图 2.8　海河流域不透水面盖度分布

如图 2.8 所示，红色代表不透水面盖度高的地区，蓝色代表不透水面盖度低的地区。不透水面盖度分布图，既包含了流域的城镇化信息，又包含了城镇内部的不透水面盖度信息。近 40 年来，不透水面发展与城市扩张趋势一致，大中型城市、城镇等建设用地高不透水区以城市中心呈发射状向外扩张。表 2.4 为将不透水面盖度结果从 0 到 100% 等间隔分成 10 级，并得到整个海河流域不同等级不透水面盖度的演变趋势。

表 2.4　不同等级不透水面盖度

ISC/%	等级	1970		1990		2000		2007	
		km²	%	km²	%	km²	%	km²	%
0 ~ 10	透水部分	226850.35	97.75	222733.40	95.97	217435.77	93.69	212020.99	91.36
11 ~ 100	总不透水面	5225.28	2.25	9342.23	4.03	14639.86	6.31	20054.64	8.64
11 ~ 20	等级 1	1556.36	0.66	2015.89	0.85	1873.29	0.76	1326.85	0.53
21 ~ 30	等级 2	1387.29	0.58	2146.46	0.90	2416.81	0.98	2403.71	0.95
31 ~ 40	等级 3	901.25	0.38	1764.98	0.74	2499.26	1.01	3146.45	1.25
41 ~ 50	等级 4	539.15	0.23	1224.41	0.52	2243.57	0.91	3469.31	1.38
51 ~ 60	等级 5	361.49	0.15	849.07	0.36	1829.01	0.74	3072.91	1.22
61 ~ 70	等级 6	253.33	0.11	607.13	0.26	1319.38	0.53	2297.40	0.91
71 ~ 80	等级 7	147.86	0.06	401.00	0.17	935.93	0.38	1668.45	0.66
81 ~ 90	等级 8	57.59	0.02	208.50	0.09	622.75	0.25	1158.23	0.46
91 ~ 100	等级 9	20.95	0.01	124.79	0.05	899.87	0.36	1511.32	0.60

由于空间分辨率的限制，0 ~ 10% 混合像元影响较大，划分为透水面，因此，只分析不透水面盖度为 11% ~ 100% 这 9 个级别不透水面盖度的变化。1970 ~ 2007 年，不透水面地区面积显著增加。1970 年不透水面总面积为 5225.28km²，占海河流域面积的

2.25%，到了 2007 年，不透水面总面积增加到 20054.64km²，占海河流域面积的
8.64%。

2.3　湿地遥感监测与格局分析

　　利用 1974~2015 年云覆盖少、季节一致性较好的 Landsat MSS/TM/ETM+数据，在
水体信息遥感提取的基础上，以人工目视解译的方式制作了海河流域 1980 年、1990
年、2000 年、2007 年和 2015 年 5 期湿地分布图（图 2.9）；选用斑块密度、最大斑块
指数、散布与并列指数、Shannon 多样性指数和 Shannon 均匀度指数等较为成熟且应用
较广泛的景观格局度量指标，探讨流域内湿地景观格局演变特征。

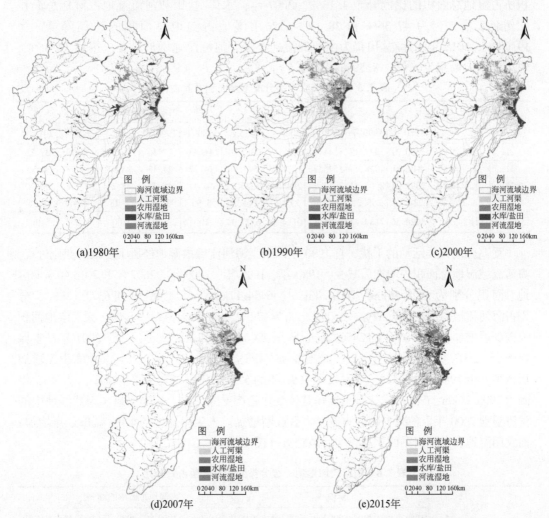

图 2.9　海河流域 1980 年、1990 年、2000 年、2007 年、2015 年 5 期湿地分布图

2.3.1 流域湿地格局

流域内5期湿地分布图（图2.9）显示：河流湿地分布较为均匀；农用湿地主要分布在北三河下游平原区；水库湿地分布于河流出山口，盐田呈弧形分布于渤海湾；人工河渠主要分布在平原农业区。湿地面积统计结果表明，1980年河流湿地是主要的湿地类型，占湿地总面积的比例为41.33%，其次是水库/盐田，占40.40%。1990年水库/盐田占湿地总面积比例最大，为41.72%，河流湿地和农用湿地所占湿地总面积的比例相当，分别为27.46%和27.12%。2000年湿地的类型组成基本延续了1990年的格局，水库/盐田占湿地总面积比例最大，其次为河流湿地和农用湿地，人工河渠面积所占湿地总面积的比例升至4.18%。2007年，水库/盐田和河流湿地占湿地总面积比例继续增加，为47.36%和28.19%，农用湿地占湿地总面积的比例降低，为19.98%。2015年水库/盐田仍为主要的湿地类型，河流湿地增加显著，达到37.35%，农用湿地大幅减少，仅占8.59%（表2.5）。

表 2.5　海河流域二级分类湿地面积及其占比

编号	类型	面积/km^2					占湿地总面积的百分比/%				
		1980年	1990年	2000年	2007年	2015年	1980年	1990年	2000年	2007年	2015年
21	河流湿地	2450.21	1973.17	1721.22	1723.95	2381.76	41.33	27.46	26.67	28.19	37.35
31	农用湿地	849.00	1948.74	1545.75	1221.77	547.99	14.32	27.12	23.95	19.98	8.59
32	水库/盐田	2395.21	2997.31	2917.74	2895.65	3233.21	40.41	41.72	45.21	47.36	50.70
33	人工河渠	234.14	265.21	269.46	273.11	214.16	3.95	3.69	4.18	4.47	3.36
	总计	5928.56	7184.43	6454.17	6114.48	6377.12	100	100	100	100	100

受高强度人类活动的干扰，自1980年以来，海河流域内湿地经历了复杂的变化过程。海河流域湿地总面积先增加后减少。1980年、1990年、2000年、2007年和2015年5期湿地总面积分别为5928.56km^2、7184.43km^2、6454.17km^2、6114.48km^{2}和6377.12km^2，分别占海河流域总面积的2.52%、3.05%、2.74%、2.60%和2.71%。其中，天然湿地面积先减少后增加，由1980年的2450.21km^{2}降至2000年的1721.22km^2，并于2007年基本保持不变，2007~2015年显著增加，天然湿地面积达到2381.76km^2；人工湿地面积先增加后减小，由1980年的3478.35km^{2}增至1990年的5211.27km^2，之后逐年减小，至2015年降为3995.35km^2（表2.6）。湿地面积整体变化趋势受人工湿地影响明显。天然湿地中的河流湿地2000年以前减少趋势明显，之后逐渐增加。人工湿地中的水库/盐田逐年增加，而农用湿地和人工河渠面积呈先增后减趋势（图2.10）。

表 2.6　海河流域湿地一级分类面积及其所占百分比

类型	面积/km^2					占湿地总面积的百分比/%				
	1980年	1990年	2000年	2007年	2015年	1980年	1990年	2000年	2007年	2015年
天然湿地	2450.21	1973.17	1721.22	1723.95	2381.76	41.33	27.46	26.67	28.19	37.35
人工湿地	3478.35	5211.26	4732.95	4390.53	3995.36	58.67	72.54	73.33	71.81	62.65
总计	5928.56	7184.43	6454.17	6114.48	6377.12	100	100	100	100	100

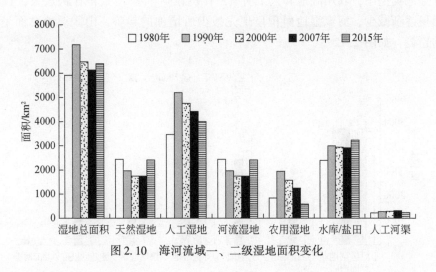

图 2.10 海河流域一、二级湿地面积变化

河流湿地面积在 1980 年最大，达 2450.21km²，此后至 2007 年，面积持续下降，且在 2000～2007 年，面积基本稳定在 1720km² 左右，2007～2015 年，面积显著增加，增加面积约 658.81km²。河流湿地变化明显的区域主要分布于漳卫河上游、滏阳河山前平原、永定河三家店至永定新河区间、白沟引河至大清河干流区间、蓟运河中游、洋河中游，其主要原因是上流来水减少。农用湿地在 1980 年的面积约 849km²，至 1990 年，面积增至 1949.74km²，占流域湿地总面积的 27.12%。在 2000～2015 年，面积持续降低；而在 2007～2015 年，农用湿地面积显著下降，从 1222.77km² 下降至 547.99km²。农用湿地发生剧烈变动的区域主要分布在人类活动剧烈的平原区，包括北三河下游平原、大清河淀东平原、洋河下游山前平原，其主要原因是农作物种植结构的调整。水库湿地主要分布在山区，盐田湿地主要分布在入海口，水库/盐田在 1980 年面积约 2395.21km²；至 1990 年，水库/盐田面积达到 2997.31km²；至 2000 年、2007 年，水库/盐田面积持续降低，分别为 2917.74km² 和 2895.65km²，但从 2007～2015 年，水库/盐田面积小幅增加，增加面积为 337.56km²。水库/盐田湿地面积在 1980～1990 年呈增长趋势的原因是流域内大量水库的兴建，该时期兴建的大中型水库有 8 座，包括白河堡水库、遥桥峪水库、尔王庄水库、小南海水库、群英水库、东石岭水库、张河湾水库、四里岩水库。1980 年以来，人工河渠面积呈明显增加的趋势，只在 2007～2015 年，面积出现小幅度减少，仅为 58.95km²（表 2.4）。

2.3.2 平原区与山区湿地格局

按平原区和山区来划分，海河流域平原区湿地面积远大于山区湿地面积，且各湿地类型空间分布规律差异明显。平原区各湿地类型中，河流湿地与水库/盐田变化趋势相同，均为先减少后增加，农用湿地与人工河渠变化趋势相同，均为先增加后减少，其中，农用湿地面积减少显著，2007～2015 年，面积减少超过 50%，如图 2.11 所示。

山区各湿地类型中，农用湿地和人工河渠占比例较少，水库/盐田比例最大，且在2000
年后面积逐渐减少，河流湿地面积呈现先减少后增加的趋势，山区湿地总面呈现逐渐
减少的趋势，如图2.12。

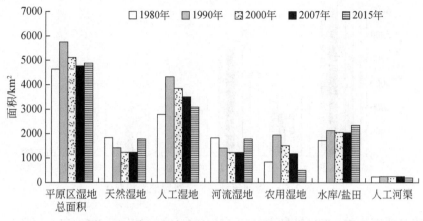

图2.11　海河流域平原区一、二级湿地面积变化

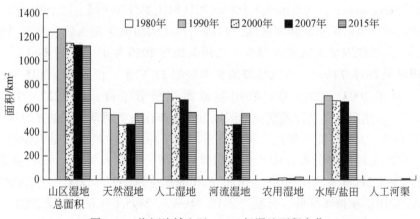

图2.12　海河流域山区一、二级湿地面积变化

2.3.3　流域水资源三级区湿地格局分析

　　各湿地类型在各个水资源三级区同样具有不同的空间变化特征。平原区天然湿地
在1980~2015年先逐年递减，而后增加（图2.13）。变化最为剧烈的是大清河平原区，
其主要变化为河流湿地面积的先减少后增加。根据马林等（2011）的研究，引起这一
变化的主要原因可能与该区域多年平均农业耗水量高于周边地区有关。平原区人工湿
地面积在1980~1990年呈增加趋势（图2.13）。黑龙港及运东平原区主要受到人工河
渠和水库/盐田建设的影响，该区域的人工湿地逐年递增。变化最为明显的是北三河下
游区域，其主要影响因素为水田分布面积的变化。其次是大清河平原区，人工湿地的

面积从 1990 年开始呈现逐年减少的趋势,特别是 2007～2015 年,减少面积达到 472.66km²。

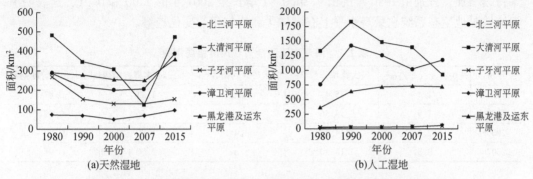

图 2.13　海河流域水资源三级区平原区天然湿地和人工湿地面积变化

山区天然湿地在 1980～2007 年递减趋势明显,之后出现小幅增加(图 2.14)。变化的重点区域在永定河、子牙河及大清河上游山区,主要表现为河流湿地的减少。引起这一变化的原因可能是区域内 1978 年农村家庭联产承包责任制后急剧增加的农业用地和农业需水量。而山区人工湿地面积在 1980～1990 年呈增加趋势,之后逐年减少。这一变化主要受永定河、北三河及大清河山区水利工程建设影响。对于子牙河和漳卫河山区,仍在增加的水利工程是该区域人工湿地逐年增加的主要原因。

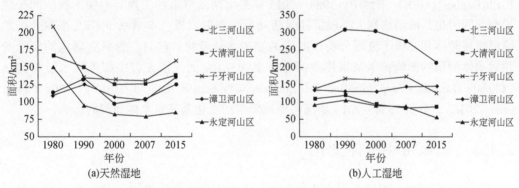

图 2.14　海河流域水资源三级区山区天然湿地和人工湿地面积变化

2.3.4　湿地景观格局

海河流域湿地生态系统的斑块密度自 1980 年以来持续增加,破碎化程度逐渐加重。2000 年以后,这一趋势有所好转;最大斑块指数由 1980 年的 15.47% 降至 1990 年的 13.56%,1990 年以后又逐渐增加,至 2007 年恢复至 15.30%,表明湿地景观的优势度发生了较大的变化,结合表 2.7 可知,区域河流、水库湿地最大斑块数在减小,而海水养殖场/盐田,以及城市景观和娱乐型湿地斑块数在增加;散布与并列指数由 1980 年的 26.97%,增至 2000 年的 48.00%,说明不同类型湿地在 1980～2000 年,连通性较好。但在 2000~2007 年, 该指数急剧降至 5.87%, 表明湿地生态系统在此期间的相互连通性呈加速递减趋势。Shannon 多样性指数与 Shannon 均匀度指数自 1980 年以来持续增加, 分别由 1980 年的 1.91 和 0.87 增长至 2007 年的 2.00 和 0.91, 这表明海河流域湿地生态系统在景观水平上有多样化和均匀化的变化趋势。

表 2.7　海河流域湿地景观尺度格局指数

年份	斑块密度/(个/km²)	最大斑块指数/%	散布与并列指数/%	Shannon 多样性指数	Shannon 均匀度指数
1980	1.4	15.47	26.97	1.91	0.87
1990	1.9	13.56	38.90	1.96	0.89
2000	2.6	14.82	48.00	1.99	0.90
2007	2.3	15.30	5.87	2.00	0.91

2.4　地表水体遥感监测与格局分析

1972 年, 美国陆地卫星 (Landsat) 发射升空, 代表遥感时代的来临。Landsat 拥有较高的空间分辨率, 较丰富的波段信息, 在洲际尺度土地覆被变化中发挥了巨大作用, 如欧盟联合研究中心 (JRC) 利用 1984~2015 年, 3066102 景 Landsat-5/7/8 遥感影像数据, 对该时段的全球陆表水体面积的变化进行了有效的监测, 生成了 1984~2015 年覆盖全球陆表的季节性水体、常年水体数据集 (Pekel et al., 2016), 并集成到 Google Earth Engine (GEE) 平台中。1984~2015 年是海河流域水利工程与水保工程的同步建设期, 同时也是海河流域人类经济社会活动最强烈的时段。本节基于 GEE 平台, 按照海河流域整体和三级子流域分析该时段的陆表水体变化; 同时, 为研究降水的年际变化对水体面积的影响, 本节采用空间分辨率为 0.05° 的气候灾害组红外降水量与台站 (Climate Hazards Group InfraRed Precipitation with Station data, CHIRPS) 数据 (Funk et al., 2015), 分析 1984~2015 年海河流域降水的变化及其对水体面积的影响。

2.4.1　流域常年水体变化

海河流域 1984~2015 年常年水体与年降水的时间过程线见图 2.15。该时段, 海河流域常年水体年平均面积为 9132km², 面积最大的是 2009 年的 9384km², 最小的是 1999 年的 7868km², 其次是 2015 年的 8212km²。

以年降水累积距平辨识海河流域常年水体大致呈现 4 阶段的变化规律, 其中 1986~1995 年为上升期, 1995~1999 年为快速下降期, 1999~2011 年为上升期, 2011~2015 年为新的下降期。1995~1999 年常年水体面积的快速减少与降水的迅速减少密切相关, 年降水累积距平表明 1996~2002 年是海河流域降水的快速下降期, 其中 1996 年的降水为 622mm, 是 1984~2015 年降水的最大年, 比多年平均降水高 108mm, 而之后流域连续遭遇大旱, 1997 年、1999 年、2001 年、2002 年的年降水量仅为 407mm、411mm、411mm 与 427mm, 远低于 514mm 的多年平均降水量。2009~2015 年, 海河流域降水整体呈现上升的趋势, 最多的年份为 2013 年 (596mm), 最少的年

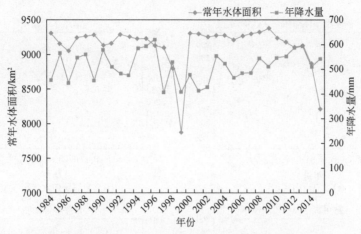

图 2.15　海河流域 1984～2015 年常年水体面积与年降水量的时间过程线

份为 2014 年（510mm），稍低于多年平均降水量，但是该时段常年水体面积却呈现快速减少的趋势，由 2009 年的 9384km² 迅速减少至 2015 年的 8212km²，年均减幅高达 195.3km²，常年水体与降水的反向变化趋势表明，近年来不断加剧的人类活动挤占了入库水量，导致了常年水体的萎缩。

2.4.2　水资源三级区常年水体变化

海河流域 12 个水资源三级区在 1984～2015 年常年水体面积与年降水量的变化见图 2.16，12 个水资源三级区常年水体面积与年降水量的变化趋势与海河流域大体相当。

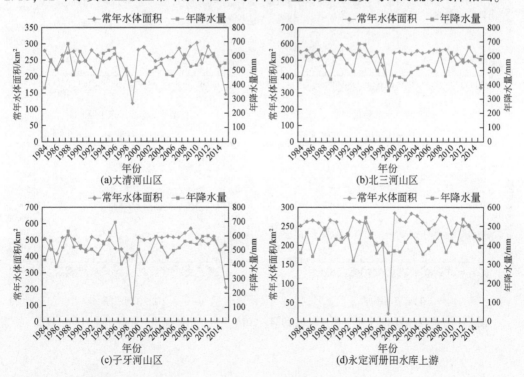

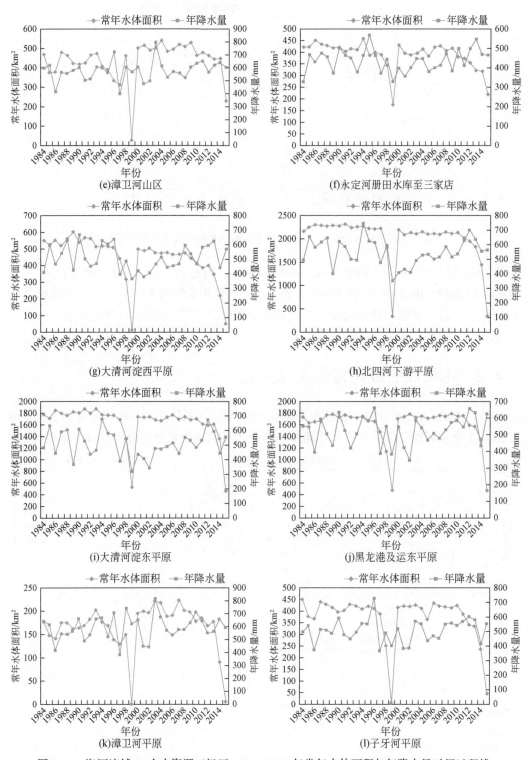

图 2.16　海河流域 12 个水资源三级区 1984～2015 年常年水体面积与年降水量时间过程线

不论是山区还是平原区，近年来的常年水体面积都呈现减少的变化趋势，平原区减少的速度远大于山区减少的速度。例如，大清河淀西平原自 2002~2015 年常年水体一直呈现不断加速的萎缩趋势，常年水体面积由 2002 年的 503km^2 下降至 2015 年的 47km^2，常年水体消亡殆尽；大清河淀东平原则由 2006 年的 1753km^2 减少至 2015 年的 461km^2。大清河平原区是海河流域平原区地下水超采最严重的区域之一，同时也是地下水漏斗的核心区，曾经广袤的白洋淀沦落到依靠大规模的人工调水补给维持的地步。除大清河平原外，北四河下游平原、漳卫河平原、黑龙港及运东平原、子牙河平原近年来常年水体都呈现快速减少的趋势。

就区域耗水而言，由太阳辐射引发的耗水（包括自然与人工植被耗水）占流域耗水的主导地位，2001~2012 年海河流域工业与生活耗水仅占总耗水的 1.72%，而自然生态与人工生态耗水占 98.28%。降水量的增加而常年水体面积的减少是区域耗水增加的最直观体现，生态工程建设是导致近年来常年水体面积快速减少的重要原因。

北京在"十二五"期间实施了平原地区百万亩造林工程，采取退耕还林、农业种植结构调整等手段，发展规模化园地，以增加绿地面积。遥感监测表明 2010~2015 年北京耕地面积减少约 11.89 万亩，而林地面积增加 26.59 万亩，证实北京地区正朝着退耕还林的目标迈进。遥感耗水监测表明，2010~2015 年北京地区的有林地的平均耗水量为 389m^3/亩，旱作耕地的平均耗水量为 368m^3/亩，有林地的耗水量反而比耕地高 21m^3/亩，11.89 万亩耕地退耕减少 4375 万 m^3 水的消耗，而 26.59 万亩有林地却新增 10343 万 m^3 水的消耗，二者抵消，耗水反而增加了 5968 万 m^3。

河北各地将压缩冬小麦种植面积作为"压采"的一个重要措施，取而代之的是大规模的植树造林活动。据河北省林业厅 2016 年的数据，"十二五"期间河北有林地面积净增 97 万 hm^2，而遥感监测表明河北同期耕地减少 13.59 万 hm^2，这导致了耗水量增加，2010~2015 年河北常年水体急剧减少 49.08% 就是很好的证明。这表明，河北"压采"节省出来的水资源没有被真正节约下来，反而因植树造林面积的扩大导致区域水资源的消耗强度进一步增加。

2.5　植被生态参量遥感监测与格局分析

植被生态参量能够反映海河流域的植被生长状态，而多年时间序列的生态参数则能反映不同年份间植被的生长差异。结合气象要素，可以分析降雨、温度等因子对植被生长的影响。本节选择植被覆盖度和地上生物量作为主要的植被生态参量，对 2000~2015 年海河流域的植被生长时空格局及其对气象要素的响应进行详细分析。

2.5.1　植被覆盖度遥感监测与格局分析

植被覆盖度采用像元二分法进行遥感反演。模型是混合像元分解模型的一个简化，认为像元中只包括植被和土壤两种组分，则植被覆盖度（FC）可以由下式来计算：

$$FC = (S - S_{soil}) / (S_{veg} - S_{soil}) \tag{2.3}$$

式中，S、S_{soil}和S_{veg}分别为像元、纯植被组分和纯土壤组分的光谱信息。可见该模型的关键在于纯植被组分和纯土壤组分的光谱信息的选取。

NDVI是植被长势和覆盖度的重要指示因子，具有能消除地形和群落结构的阴影和辐射干扰；削弱太阳高度角、大气条件、卫星观测所带来的噪声等优势，可代入像元二分模型进行植被覆盖度的计算，公式为

$$NDVI = (NIR-R)/(NIR+R) \qquad (2.4)$$

$$FC = (NDVI-NDVI_{soil})/(NDVI_{veg}-NDVI_{soil}) \qquad (2.5)$$

式中，$NDVI_{soil}$、$NDVI_{veg}$分别为纯植被像元和纯土壤像元的NDVI。

本节利用2000～2015年的MODIS-NDVI数据估算了海河流域的植被覆盖度，分析了年最大植被覆盖度的时空变化特征，并探寻了引起植被覆盖度变化的驱动因素（吴云等，2010）。

1）年最大植被覆盖度的时空分布特征

2015年海河流域年最大植被覆盖度如图2.17所示。可以看出，该区域植被覆盖度整体呈现东西部相对较低，南北部和中部较高的分布；较低的植被覆盖度主要出现在中西部的山区及平原区的城市及其周边地区。单独针对林地、草地和耕地来看，该区域的林地植被覆盖度普遍较高，大多高于90%，只有中西部永定河上游一带相对稀疏的灌木林略低，分布在40%～60%；农田的植被覆盖度在华北平原农业区较高，大多高于90%，这与华北平原粮食生产基地的实际情况相符，而在中西部永定河上游山区较低；草地主要分布在流域西部和北部的山区，分布较为零散，植被覆盖度普遍较低。

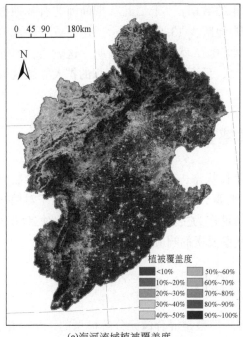

(a)海河流域植被覆盖度

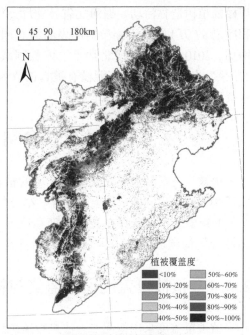

(b)海河流域林地植被覆盖度

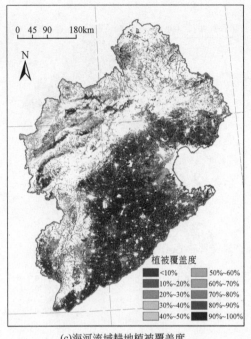

(c)海河流域耕地植被覆盖度

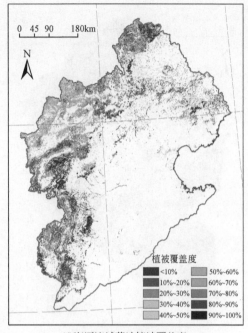

(d)海河流域草地植被覆盖度

图 2.17　2015 年海河流域年最大植被覆盖度及各植被类型植被覆盖度的空间分布

为了深入分析海河流域植被覆盖度的动态变化情况，对 2000～2015 年该区域逐像元的植被覆盖度进行线性拟合，以拟合直线的斜率表达植被覆盖度的变化趋势及变化幅度。斜率为正，表明植被覆盖度增加，反之则减少；斜率绝对值越大，植被覆盖度变化的幅度越大，反之则变化的幅度越小。

图 2.18 为海河流域 2000～2015 年的年最大植被覆盖度线性拟合斜率分布图，从图中可以看出，整个区域的植被覆盖度大多处在增加的状态，仅在京津冀城市群附近出现了大量的植被覆盖度降低的区域，根据京津冀城市群的扩张情况，可以认为海河流域的植被覆盖度降低大部分是由城镇化直接造成的。

具体到林地，海河流域的林地植被覆盖度基本全部处在正增长的状态中，其中东北部燕山山脉和太行山山脉的林地植被覆盖度增长斜率均大于 0.5，在北京周边的灌木林区域植被覆盖度的增长斜率则相对较小，在 0.1～0.5。海河流域的耕地植被覆盖度具有明显的地域特征，华北平原以河北和山东省界为界线，界线以南农田植被覆盖度在 2000～2015 年呈现显著上升趋势（斜率大于 0.5），而界线以北则出现大量的显著下降趋势（斜率小于-0.5），可以看出受到京津冀城市群带来的植被覆盖度下降影响的主要是农田生态系统，这与 2000～2015 年城市扩张、农田减少的土地覆被变化趋势吻合；太行山西侧的山区农田植被覆盖度虽然较低，但是在 2000～2015 年却呈现上升趋势。海河流域的草地植被覆盖度在 2000～2015 年大多处在上升的趋势中，这与海河流域禁牧措施有直接关联。

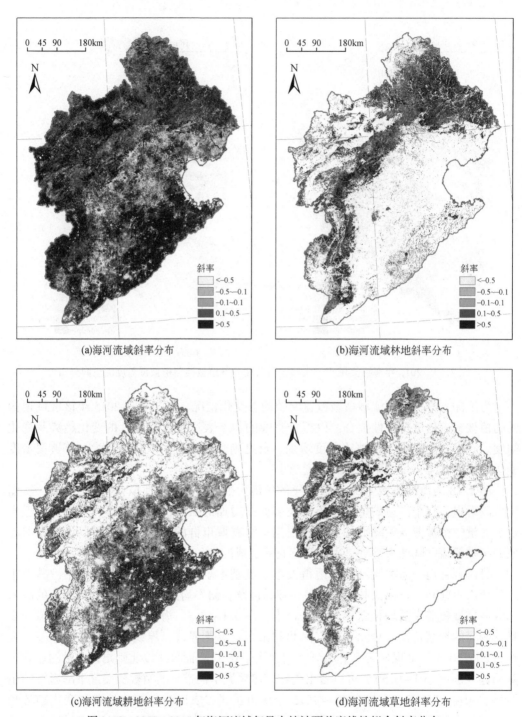

(a)海河流域斜率分布

(b)海河流域林地斜率分布

(c)海河流域耕地斜率分布

(d)海河流域草地斜率分布

图 2.18　2000~2015 年海河流域年最大植被覆盖度线性拟合斜率分布

2）植被覆盖度与气象因子的年际变化分析

引起植被覆盖度年际变化的主要因素包括气候波动和人类活动。海河流域处于温带半干旱季风气候区，降水和气温是影响植被生长的主要自然因子，因此本节将分析 2000～2015 年年均气温和年均降水对植被覆盖度时空格局的影响。其中气象数据来自于中国气象数据网，首先将每个气象站点逐日平均气温、降水量进行月平均；然后根据所提供各站点的经纬度信息，基于 ArcGIS 所提供的 Kriging 插值方法对各个月平均气象数据进行空间插值以获得时空连续的气象数据。

　　通过相关性统计方法分析逐像元的植被覆盖度与气温和降水之间的相关性。考虑到气温、降水之间也存在一定的相关性，分别分析植被覆盖度与气温、降水的相关性，显然不能真正反映出植被覆盖度与气象因子间的相互响应关系，需要在剔除其他因素的影响下进行对植被覆盖度与各个气象因子的相关性的研究。基于此，本节采用偏相关分析方法进行植被覆盖度与各个气象因子的相关性分析。

　　图 2.19 为海河流域 2000～2015 年年最大植被覆盖度与年均降水量的相关关系。从图中可以看出，区域内植被覆盖度与年均降水量呈现正相关和负相关的区域面积相当，其中在平原地带主要表现为轻度负相关，在山区表现为正相关，且相关性较高。从不同的植被类型来看，林地植被覆盖度与年均降水量大多为正相关，且相关性系数大多大于 0.5，仅在北京周边的灌木林区相关性较差；农田植被覆盖度与年均降水量大多为负相关，相关性系数大多在 -0.5～-0.1，说明华北地区的农田受到降雨的影响并不明显，这应该与植被生长对降水量的响应具有一定的滞后效应有关，而且农田受到人为因子的影响更大，如农田灌溉、水土保持等；草地植被覆盖度大部分与年均降水量呈现不同程度的正相关。

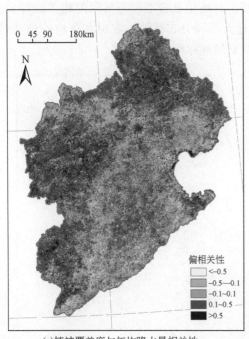

(a)植被覆盖度与年均降水量相关性

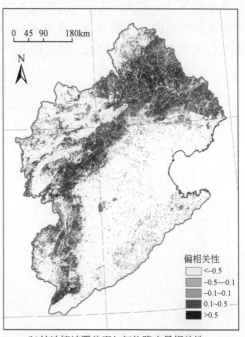

(b)林地植被覆盖度与年均降水量相关性

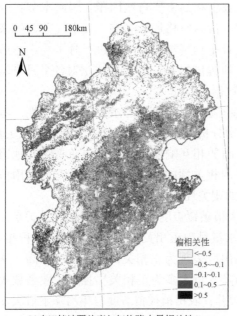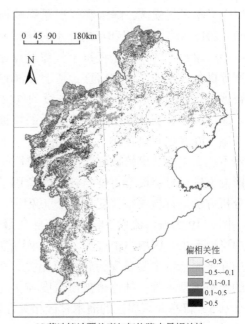

(c)农田植被覆盖度与年均降水量相关性　　　　(d)草地植被覆盖度与年均降水量相关性

图 2.19　海河流域 2000~2015 年年最大植被覆盖度与年均降水量相关系数分布

图 2.20 为海河流域 2000~2015 年年最大植被覆盖度与年均气温的相关关系。从图中可以看出，与年均降水量不同，大部分区域的植被覆盖度与气温呈现较低的负相关，仅有小部分呈正相关。从不同的植被类型来看，林地植被覆盖度与气温的相关性较弱，无论正负相关性，其绝对值都在 0.5 以内，且无明显分布规律；农田和草地的植被覆盖度与气温大多呈现负相关，但也同样没有明显的规律性。

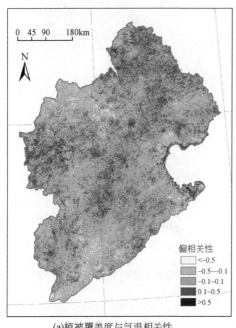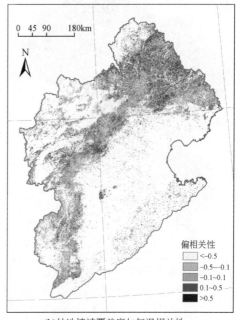

(a)植被覆盖度与气温相关性　　　　　　　(b)林地植被覆盖度与气温相关性

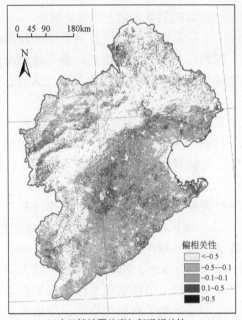
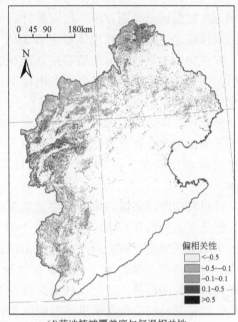

(c)农田植被覆盖度与气温相关性　　　　　　　(d)草地植被覆盖度与气温相关性
图 2.20　海河流域 2000～2015 年年最大植被覆盖度与气温相关系数分布

综上分析，2000～2015 年海河流域植被覆盖度的整体水平呈上升趋势，但具体到不同的区域各异，西北部为林草覆盖的山区，植被覆盖度增大趋势明显；东南部的部分农田区及京津冀城市群的扩展区，植被覆盖度减小。对植被覆盖度与年均降水量的相关关系研究表明，海河流域林地和草地植被覆盖度与年均降水量多呈正相关，而有灌溉条件的农田和大片水体覆盖的地区，两者的相关系数甚至为负；而植被覆盖度与气温的相关关系则相对不明显，没有明确的规律性可循。

2.5.2　植被地上生物量遥感监测与格局分析

地上生物量使用多尺度的遥感监测方法进行监测，分别利用 2000 年、2005 年、2010 年和 2015 年四期植被地上生物量数据，对海河流域的森林、草地和农田地上生物量时空变化格局进行分析。

森林地上生物量主要利用机载激光雷达数据的高精度三维信息，结合地面调查数据，建立基于机载激光雷达数据提取的林分高度和密度参量的高精度地上生物量模型；进一步，结合星载激光雷达提取的冠层高度信息，基于 MODIS 时间序列数据和植被类型等信息建立分区分类别地上生物量外推模型，将典型综合样区和更多样地地上生物量外推到整个海河流域，获取四期森林地上生物量数据。

草地地上生物量通过构建纯净像元指数模型（pure vegetational index model，PVIM），根据光谱混合分析方法（spectral mixture analysis，SMA），对稀疏草地植被区植被信息进行分解，进而利用常用的线性模型或者指数模型对草地地上生物量进行估算；选择生长季早期的数据作为土壤背景的信息以简化模型参数的估算。基于上述草地地上生物量遥感监测方法，利用 MODIS 数据，获取四期草地地上生物量数据。

农田地上生物量与利用休耕率修正的 NDVI 具有高度相关性，且对不同的作物类型，农作物生物量的指示性植被指数出现在不同的作物生长期。因此，基于休耕率修正后的纯化作物植被指数建立了农田地上生物量与实测生物量的经验关系，从而获得整个海河流域四期农田地上生物量数据。

将森林、草地和农田地上生物量集成最终获得 2000 年、2005 年、2010 年和 2015 年四期植被地上生物量数据，如图 2.21 所示。同时，为了分析 2000～2015 年的植被地上生物量变化情况，将 2015 年与 2000 年地上生物量求差值，如图 2.22 和图 2.23 所示。

可以看出海河流域的地上生物量主要由森林贡献，草地和农田地上生物量相对较小，但是覆盖的面积较大；从变化量上看，大部分地区的地上生物量出现上升趋势，仅在平原地区的城市周边及西北部的山区出现了下降的情况。具体到各类型，海河流域森林（包括灌木林）地上生物量密度分布在 20～80t/hm²，2000～2015 年绝大部分处在向好增长的趋势，这与森林保护政策有关。农田地上生物量在平原地区明显高于山区，但是其间的变化指示出平原地区的城市化严重影响了农田的生产，导致平原地区的农田地上生物量出现大面积下降，而由于农耕技术的提高，山区的农田地上生物量大多出现上升。流域内的草地地上生物量普遍较低，但其间整体出现向好的增长趋势。

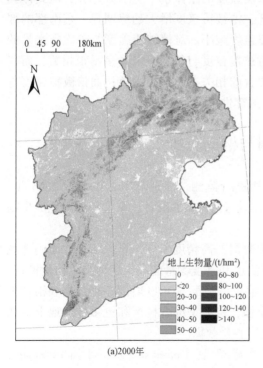

(a)2000年

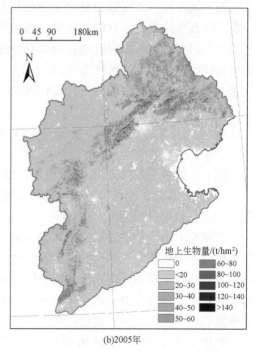

(b)2005年

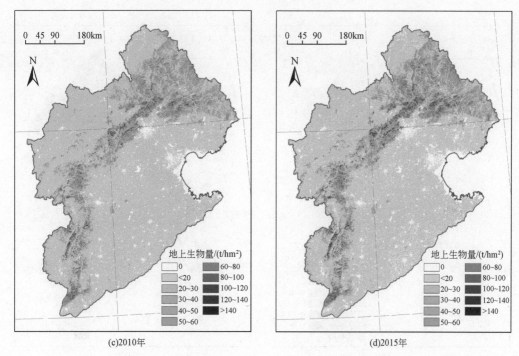

(c)2010年　　　　　　　　　　(d)2015年

图 2.21　海河流域 2000 年、2005 年、2010 年和 2015 年植被地上生物量分布图

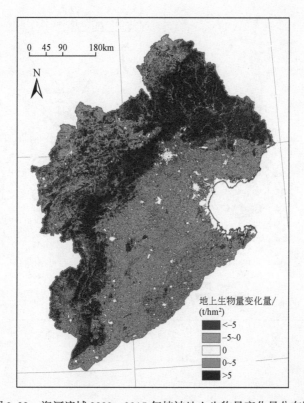

图 2.22　海河流域 2000～2015 年植被地上生物量变化量分布图

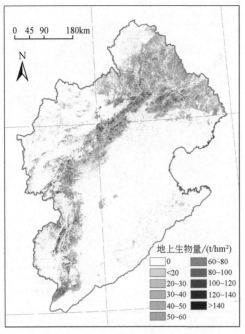
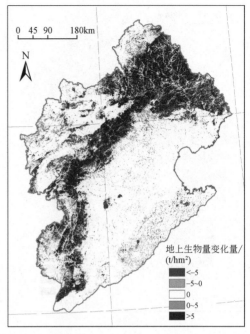

(a)森林

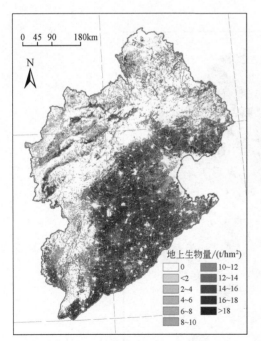
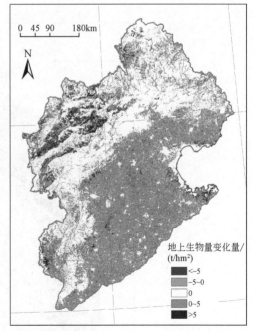

(b)农田

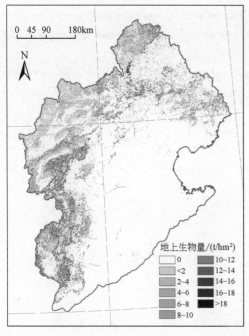 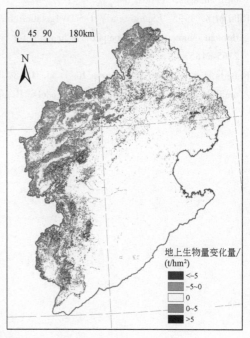

(c)草地

图 2.23　海河流域 2015 年不同类型植被地上生物量及 2000～2015 年变化量分布图

参 考 文 献

樊风雷. 2008. 基于线性光谱混合模型（LSMM）的两种不同端元值选取方法应用与评价——以广州市为例. 遥感技术与应用, 23（3）: 272-277.

胡乔利, 齐永青, 胡引翠, 等. 2011. 京津冀地区土地利用/覆被与景观格局变化及驱动力分析. 中国生态农业学报, 19（5）: 1182-1189.

马林, 杨艳敏, 杨永辉, 等. 2011. 华北平原灌溉需水量时空分布及驱动因素. 遥感学报, 15（2）: 324-339.

王浩, 吴炳方, 李晓松, 等. 2011. 流域尺度的不透水面遥感提取. 遥感学报, 15（2）: 394-407.

吴炳方, 等. 2017. 中国土地覆被. 北京: 科学出版社.

吴云, 曾源, 赵旦, 等. 2010. 基于 MODIS 数据的海河流域植被覆盖度估算及动态变化分析. 资源科学, 37（7）: 1417-1424.

徐涵秋. 2008. 一种快速提取不透水面的新型遥感指数. 武汉大学学报（信息科学版）, 33（11）: 1150-1153.

Arnold C L, Gibbons C J. 1996. Imperious surface coverage: the emergence of a key environmental indicator. Journal of the American Planning Association, 62（2）: 243-258.

Funk C, Peterson P, Landsfeld M, et al. 2015. The climate hazards infrared precipitation with stations: a new environmental record for monitoring extremes. Scientific Data, 2（9）: 150066.

Lu D, Weng Q. 2004. Spectral mixure analysis of the urban landscape in Indianapolis with Landsat ETM+ imagery. Photogrammetric Engineering and Remote Sensing, 70（9）: 1053-1062.

Pekel J F, Noel Gorelick A C, Belward A. 2016. High-resolution mapping of global surface water and its long-term changes. Nature, 540 (7633): 418-422.

Ridd M K. 1995. Exploring a V-I-S (Vegetation-Impervious SurfaceSoil) model for urban ecosystem analysis through remote sensing: comparative anatomy for cities. International Journal of Remote Sensing, 16 (12): 2165-2185.

Roberts D A, Gardner M, Church R, et al. 1998. Mapping chaparral in the Santa Monica Mountains using multiple endmember spectral mixture models. Remote Sensing of Environment, 65 (3): 267-279.

第3章 水文参量遥感监测与分析

3.1 蒸 散 发

蒸散发（evapotranspiration，ET）是地面水分的蒸腾蒸发量，包括植物叶片的蒸腾和地面、水面的蒸发，其物理意义是指自然界地面上的水分由液态转化为气态移向大气的过程。降水为流域最重要的水量输入项，而 ET 是流域最重要的水量消耗项，ET 数据的年度监测与降水观测一样，对于水资源管理有相同的重要性。因此，开展 ET 长期动态监测对区域水量平衡研究、水资源利用规划、水资源调度的日常监督管理、农业水资源管理，乃至社会经济可持续发展至关重要。

3.1.1 蒸散发遥感估算方法——ETWatch

ETWatch 是面向流域规划与管理和农业水管理的实用需求而开发的遥感蒸散发监测系统，可用于计算流域地表净辐射、感热、潜热的空间分布及其时间过程。模型集成了具有不同优势的遥感蒸散发模型，以 Penman-Monteith 模型为基础建立时间扩展方法，利用气象数据和多源遥感数据估算获得逐日连续的蒸散发空间分布（Wu et al.，2012）。模型可同时提供流域尺度（1km）和地块尺度（30m）的蒸散发监测结果，满足水资源评价与农业耗水管理的需求。

3.1.2 海河流域水分盈亏分析

水分盈亏量是从水分收入和支出两个方面来反映水分条件的好坏，较为真实地反映气候条件对农作物水分盈亏状态的影响程度，是气候学上度量区域农业旱涝程度的重要指标，具有生物学意义和气候学意义的代表性。研究流域水分盈亏变化特征将有助于深入了解该区域气候变化对水文水资源的影响，对海河流域的水资源管理具有十分重要的意义。

ETWatch 模型是独立于降水量数据的流域蒸散发估算模型，但作为水量平衡的主要因子，降水和 ET 数据在空间分布和年际变化上有着密切的关系。结合降水数据与遥感 ET 估算结果开展综合评价，可以了解流域多年水分盈亏情况。

利用遥感监测的多年平均 ET 数据，结合多年降水站点插值的多年平均结果，得到了多年平均 ET、降水和水分亏缺空间分布，如图 3.1 所示。

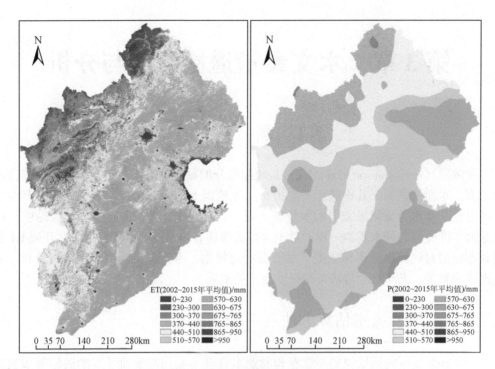

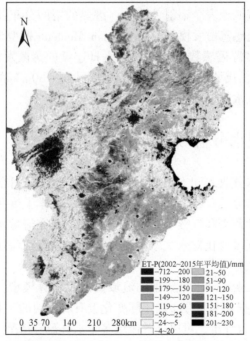

图 3.1　海河流域 2002～2015 年多年平均 ET 与降水量（P）盈亏图

从海河流域多年平均 ET-P 图可以看出，海河流域中部、南部平原年蒸散发值均大于降水量，水分亏缺；而西部山区年均降水量高于蒸散发量，水分盈余。根据海河流域多年降水量与 ET 变化过程，可以得出结论：降水量主要受自然条件和气候变化主导，年际变化量较大；ET 受自然和人为因素共同影响，变幅较小，离散程度小于降水量。多年降水量与 ET 数据见表 3.1。

表 3.1 2002～2015 年海河流域平均 ET 与降水量数据

年份	ET/mm	降水量/mm
2002	473.0	400.0
2003	539.9	582.1
2004	523.9	538.2
2005	509.6	487.0
2006	495.0	438.2
2007	492.8	483.5
2008	527.6	541.0
2009	518.9	489.8
2010	531.6	531.8
2011	510.5	512.1
2012	532.0	600.0
2013	539.9	545.8
2014	466.4	411.0
2015	497.2	517.2
平均	511.3	505.6

从总量上看，2002～2015 年多年平均 ET 为 511.3mm，同期多年平均降水量为 505.6mm，不计工业与生活耗水的水分亏缺约为 5.7mm。2010～2013 年降水量大于 ET，2014 年降水量明显小于 ET。ET 较降水量明显偏高的原因是在华北平原大部分旱地发生旱情的情况下，为保障基本农业生产，大面积的灌溉活动保证了农田地块蒸散发量处在稳定的水平。因此，根据海河流域多年降水量与 ET 变化过程，可以得出结论：降水量主要受自然条件和气候变化主导，年际变化量较大，变化范围为-21%～19%；ET 受自然和人为因素共同影响，变幅较小，离散程度小于降水量，变化范围为-9%～5%，这也充分体现了流域土壤水、地下水在水资源利用过程中的调蓄功能。

3.1.3 海河流域蒸散发数据时空分析

利用 ETWatch 估算了 2002～2015 年海河流域蒸散发结果（图 3.1）。海河流域 ET 空间变化显著，整体呈现东南高，西北低的趋势。其中高值区位于山东省和天津市的沿海地区，该地区水量充沛，年蒸散发偏大与沿海风速较大有密切关系；低值区位于内蒙古的滦河山区，该地区海拔高，气温低，植被覆盖度也较低，故蒸散发呈现明显的低值区；另外，建城区的 ET 低值区也能在空间分布图中清晰体现。结合月均蒸散发分析流域蒸散发的变化趋势（图3.2），结果表明：在春冬两季，由于大部分地区无植被覆盖，ET 整体偏低，仅在徒骇马颊河子流域、漳卫河平原及子牙河平原等冬小麦的主要种植区 ET 高于其他地区。海河流域月均蒸散发先增大，5 月达到第一个峰值，约75mm。3~5 月为海河流域冬小麦生长旺盛期，靠灌溉满足作物生长需水量的需求；蒸散发在 6 月冬小麦收割期稍有递减之后，在夏玉米播种后，又呈上升趋势，至 8 月达到第二个高峰，流域内的作物和林木生长茂盛，之后呈逐渐减少的趋势。

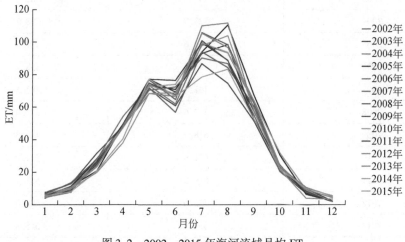

图 3.2　2002~2015 年海河流域月均 ET

　　为进一步分析海河流域蒸散发的动态变化情况，对 2002~2015 年海河流域年均蒸散发结果进行了逐像元的线性拟合，以拟合直线的斜率表达蒸散发的变化趋势及变化幅度（图3.3）。斜率为正，表明蒸散发增加，反之则减少。斜率绝对值越大，表明蒸散发变化的幅度越大，反之则表明蒸散发变化的幅度越小。

　　从图3.3中可以看出，海河流域多年蒸散发的变化趋势空间差异明显。蒸散发显著增加的区域集中在渤海湾地区及滦河山区西部、北三河山区西部、子牙河山区与大清河山区连接处等地区，而其余地区的蒸散发普遍显示减小。叠加土地利用分布图进一步分析得知，蒸散发减小幅度较大的区域主要位于太行山山脉两侧及滦河山区、漳卫河山区，土地利用类型主要为林地和靠近林地的耕地。蒸散发增加幅度较大的区域主要位于环渤海湾地区，土地利用类型为耕地和滩地。此外，图3.1中斜率的绝对值普遍较大，表明多年来海河流域的蒸散发在空间上的分布具有不稳定性，变幅较大。

　　利用海河流域的土地利用图，对年蒸散发结果进行叠加统计，得到 2002~2015 年的典型土地利用多年平均蒸散发结果，如图3.4。其中，密云水库、于桥水库、官厅水库和水体典型区最高，年蒸散发量在 800mm 左右；其次为水田和芦苇地，年蒸散发量在 600mm 以上；平原旱地、林地、灌木林等地块相近，年蒸散发量在 500mm 左右；草地约为 300mm；城区最低，年蒸散发量为 100~200mm 不等。

　　根据水资源分区对海河流域多年平均蒸散发量进行统计（图3.5）。结果表明，各个水资源分区之间多年平均蒸散发量差异明显，且呈现的空间分布趋势与海河流域多

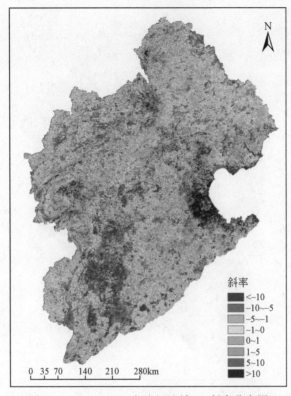

图 3.3　2002～2015 年海河流域 ET 斜率分布图

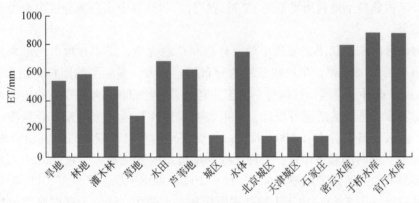

图 3.4　2002～2015 年海河流域典型土地利用多年平均 ET

年平均蒸散发量空间分布一致。东南部平原区域蒸散发量较高，包括徒骇马颊河子流域、滦河平原及冀东沿海诸河子流域、漳卫河平原、黑龙港及运东平原及大清河平原等若干个水资源分区，其蒸散发量多位于 500～700mm；西北部山区蒸散发量较低，主要包括滦河山区、永定河册田水库、大清河山区、子牙河山区等水资源分区，其蒸散发量多位于300～600mm。

利用 2002～2015 年海河流域 250m 的海河流域土地利用图和水资源分区矢量图，

图 3.5 2002~2015 年海河流域水资源分区多年平均 ET

对各个分区内典型土地利用类型的 ET 进行统计，得到各个水资源分区内典型土地利用蒸散发结果。

滦河山区的土地利用类型以旱地、林地和草地为主，其中林地占比最大，其多年平均面积达到 26060km²，旱地和草地的分布相差不大，多年平均面积分别为 7085km² 和 7919km²。此外，滦河山区内这三种土地利用类型的面积多年来保持稳定，基本没有变化。对其多年蒸散发量进行统计，结果表明旱地和林地的蒸散发量较为接近，大部分年份的蒸散发量值分布在 500~600mm，而草地的蒸散发量较低，其值大多分布在 300mm 左右。就时间趋势而言，三种土地利用类型的变化基本一致，2002~2005 年蒸散发量逐渐增大并达到多年最高水平，而后下降并保持平稳，其中在 2011 年和 2014 年蒸散发量较低（图 3.6）。由于土地利用面积基本无变化，滦河山区内典型土地利用类型的蒸散发量变化应与气象因子的变化有关。

北三河山区的土地利用以林地为主，并包括密云水库和于桥水库。其中林地多年平均面积达到 16117km²，水体多年平均面积为 225km²，且林地和水体的面积多年来均保持稳定。对其多年蒸散发量进行统计，林地的多年蒸散发量较为稳定，多分布在 600mm 左右；密云水库的蒸散发量在 2011 年和 2015 年较大，达到 900mm 左右，其余年份保持在 700mm 左右；于桥水库的多年蒸散发量也较为稳定，大多分布在 800~900mm（图 3.7）。

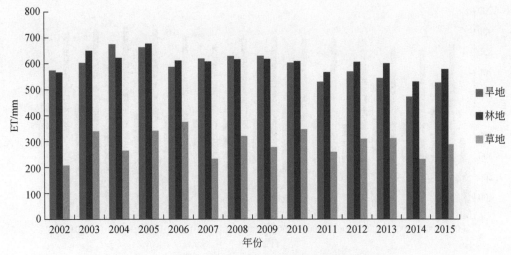

图 3.6 2002~2015 年滦河山区典型土地利用年 ET

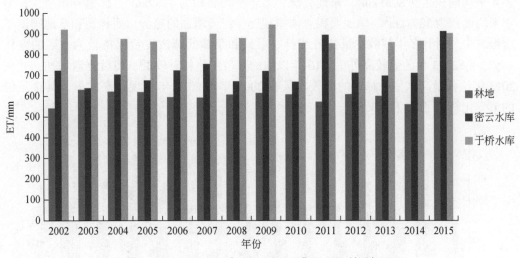

图 3.7 2002~2015 年北三河山区典型土地利用年 ET

永定河册田水库至三家店区间的土地利用以旱地、林地和草地为主,并包括官厅水库。其中旱地面积最大,多年平均面积达到 9663km²,林地和草地的面积基本一致,多年平均面积分别为 8278km² 和 8255km²,水库多年平均面积为 69km²。旱地面积呈现逐年缓慢减少的趋势,其余土地利用类型的面积多年来变化不大。对其多年蒸散发量进行统计(图 3.8),官厅水库的蒸散发量最大,基本维持在 800mm 以上,且总体呈现逐年缓慢增加的趋势。旱地的蒸散发量在 2002~2009 年大多维持在 300~400mm,而后逐渐增加,并维持在 400mm 以上。林地的蒸散发量除个别年份(2002 年)外,基本保持在 500mm 左右。草地的蒸散发量较低,大多保持在 200~300mm,且其变化趋势与旱地保持一致。

永定河册田水库以上的土地利用以旱地、林地和草地为主。其中旱地分布最多,

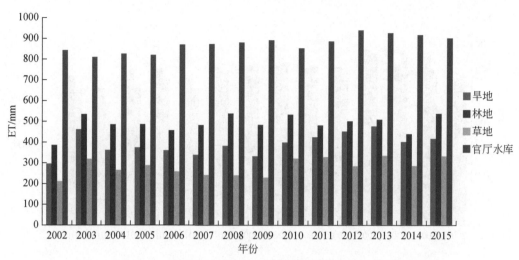

图 3.8　2002~2015 年永定河册田水库至三家店区间典型土地利用年 ET

多年平均面积达到 8081km²，草地其次，多年平均面积为 4259km²，林地分布最少，多年平均面积为 3871km²。旱地面积总体呈现逐年缓慢增加的趋势，而林地和草地则逐年缓慢减少。对其多年蒸散发量进行统计，旱地和草地的蒸散发量保持较为一致的变化趋势，除 2003 年的值较高外，2010 年以前的蒸散发值相对较低，而后逐渐增加，并在 2013 年达到最高水平。林地的蒸散发量在 2003 年和 2010 年出现较高的值，其余年份的值变化较为平稳（图 3.9）。

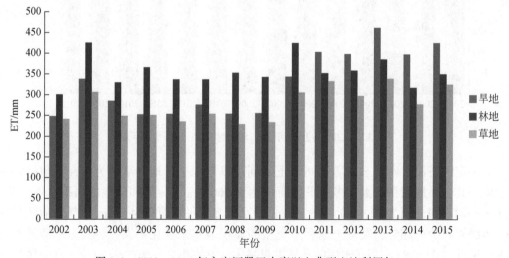

图 3.9　2002~2015 年永定河册田水库以上典型土地利用年 ET

滦河平原及冀东沿海诸河土地利用以旱地、林地和水田为主，其中旱地分布最多，多年平均面积为 5719km²，林地和水田多年平均面积分别为 1502km² 和 650km²。旱地呈现逐年减少的趋势，林地面积多年来基本保持不变，水田面积略有增加。对其多年蒸散发量进行统计，旱地的蒸散发量在 2002~2006 年先增加后减小，而后保持稳定，并在 2011 年、2014 年和 2015 年呈现较低值。林地的蒸散发量总体呈现减小的趋势，但其变化过程比较平缓。水田的蒸散发量总体也呈现减小的趋势，并在 2011 年、2014 年和 2015 年的蒸散发量较少（图 3.10）。

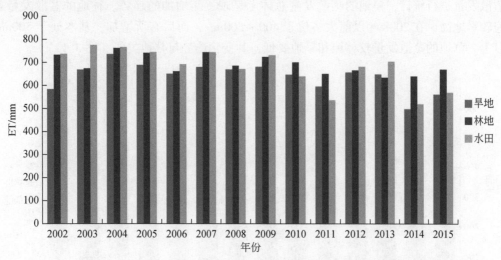

图 3.10　2002～2015 年滦河平原及冀东沿海诸河典型土地利用年 ET

北四河下游平原土地利用以旱地、水田、水体和建设用地为主，其中建设用地主要是北京城区。旱地分布最多，其多年平均面积达到 9246km²，其次是建设用地，其多年平均面积为 4255km²，水田和水体的多年平均面积分别为 457km² 和 887km²。其中，建设用地逐年增加，旱地、水田和水体则逐年缩减，表明北京城区在不断地向周边进行扩张。对其多年蒸散发量进行统计，北京城区的蒸散发量基本保持在 100～200mm。旱地的蒸散发量在 2010 年以后明显减少，并在 2014 年达到最低。水田的蒸散发量大多高于旱地，变化趋势与旱地基本一致，其值在 2014～2015 年甚至与旱地持平。水体蒸散发量在 2010 年以后也有所减少，但是在 2013 年又略有回升，但总体也呈现减小的趋势（图 3.11）。

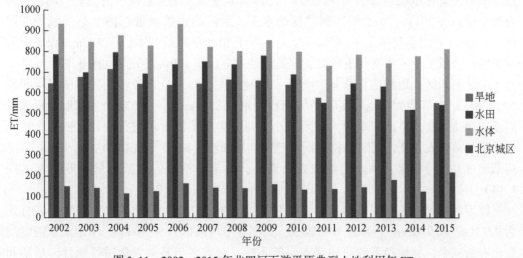

图 3.11　2002～2015 年北四河下游平原典型土地利用年 ET

大清河山区土地利用以旱地、林地和草地为主，林地作为分布最多的土地利用类型，其多年平均面积为13175km²，旱地和草地的多年平均面积分别为3010km²和1690km²。旱地和林地的面积随时间基本保持稳定不变，草地面积略有减少。对其多年蒸散发量进行统计，旱地的蒸散发量总体上呈现逐年增加的趋势。林地的蒸散发量普遍较旱地高，在2008年以前大多位于400~500mm，而后有所增加，基本处于500mm以上。草地的蒸散发量较林地和旱地要低，其变化趋势与林地类似（图3.12）。

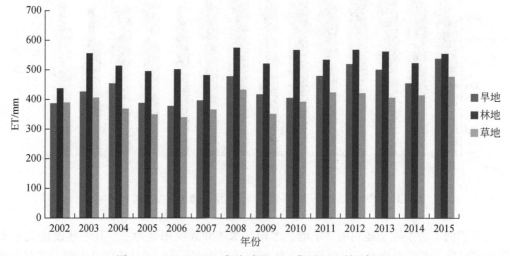

图3.12　2002~2015年大清河山区典型土地利用年ET

大清河淀东平原土地利用以旱地、水体和建设用地为主，其中建设用地主要是天津城区。旱地分布最广，其多年平均面积达到9204km²，建设用地其次，其多年平均面积为2924km²，水体多年平均面积为878km²。在时间变化趋势上，旱地和水体面积逐年减少，而建设面积逐年增加，这与北四河下游平原的变化趋势一致，表明天津城区也在不断扩张，建设用地占用了其余土地利用类型。对其多年蒸散发量进行统计，旱地的蒸散发量在2002~2007年和2007~2011年均呈现先增加后减少的趋势，而后保持短暂平稳后在2014~2015年达到较低的水平。水体的蒸散发量总体上呈现减少的趋势，在2011年以前基本位于700mm以上，而在2011年以后基本位于700mm以下。天津城区的蒸散发量逐年变化也较大，但其值基本上位于100~200mm（图3.13）。

子牙河山区土地利用以旱地、林地和草地为主，林地分布最多，其多年平均面积为11284km²，旱地和草地的多年平均面积分别为8285km²和9562km²。林地面积随时间基本保持不变，旱地和草地均有所减小。对其多年蒸散发量进行统计，三种土地利用类型的蒸散发量变化基本保持相同的趋势，在2002~2005年先增加后减小，而后又逐渐增加并保持稳定。林地的蒸散发量最高，旱地和草地的蒸散发量相差不大（图3.14）。

漳卫河山区土地利用以旱地、林地和草地为主，林地和旱地的多年平均面积分别为9771km²和9702km²，草地分布较少，其多年平均面积为5078km²。旱地面积随时间变化有所减少，林地和草地面积基本保持不变。对其多年蒸散发量进行统计，旱地和

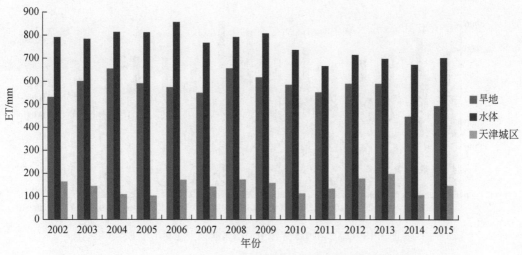

图 3.13　2002～2015 年大清河淀东平原典型土地利用年 ET

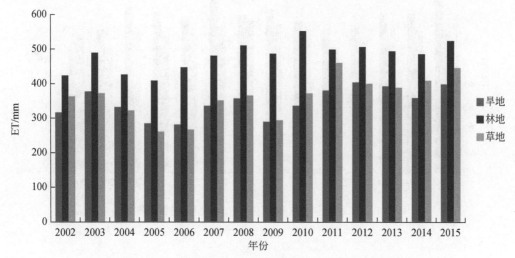

图 3.14　2002～2015 年子牙河山区典型土地利用年 ET

草地的蒸散发量变化趋势基本一致，呈现增加—减小—增加—减小的变化过程，且草地的蒸散发量较旱地高。林地的蒸散发量在 2002～2010 年先减小后增大，并在 2010 年达到最大值，而后突然减小，在 2015 年达到最小值（图 3.15）。

漳卫河平原土地利用以旱地和水田为主，旱地多年平均面积为 7390km²，水田多年平均面积为 23km²。旱地面积呈现逐年减少的趋势，水田面积保持基本不变。对其多年蒸散发量进行统计，水田的蒸散发量较旱地普遍要高，且二者变化趋势基本一致，在 2002～2010 年先减小后增加，而后又逐渐减小（图 3.16）。

大清河淀西平原、黑龙港及运东平原、子牙河平原及徒骇马颊河的土地利用均以旱地为主，其旱地多年平均面积分别为 9531km²、18609km²、11538km² 和 22728km²，且这四个水资源分区的旱地面积均呈现逐年减少的趋势。对其多年蒸散发量进行统计，

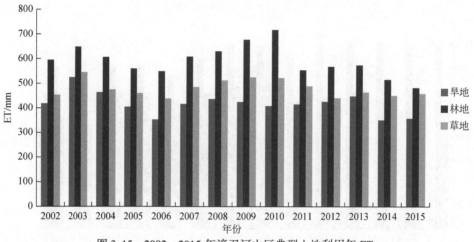

图 3.15　2002～2015 年漳卫河山区典型土地利用年 ET

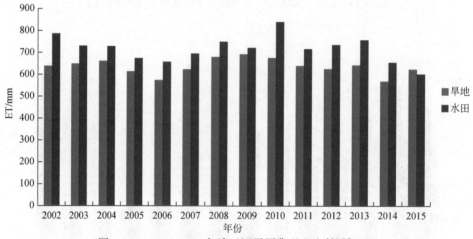

图 3.16　2002～2015 年漳卫河平原典型土地利用年 ET

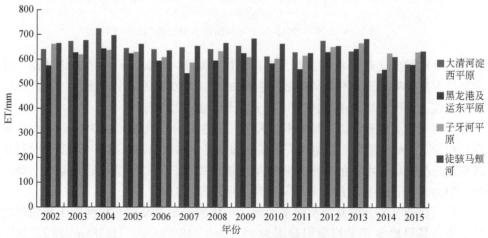

图 3.17　2002～2015 年大清河淀西平原、黑龙港及运东平原、子牙河平原及
徒骇马颊河典型土地利用年 ET

大清河淀西平原的蒸散发量在 2002～2004 年逐渐增加，而后减小并保持稳定，并在 2010～2011 年和 2014～2015 年出现较低的值。黑龙港及运东平原的蒸散发量在 2002～ 2006 年、2007～2010 年和 2011～2015 年三个时段内均呈现先增加后减小的趋势。子牙河平原的蒸散发量虽有波动，但是总体上较为平稳，其值维持在 600mm 左右。徒骇马颊河的蒸散发量也呈现先增大后减小的趋势并循环出现（图 3.17）。

3.1.4　馆陶县蒸散发结果分析

馆陶县地处河北省南部、海河流域漳卫南上游，属暖温带半湿润地区大陆性季风气候。全县总面积 456.3km²，其中耕地面积为 320km²，占全县总面积的 70% 之多，农业用水需求量大，属于典型的资源性缺水地区。在水资源开发和利用过程中，由于受自然因素和人为因素的综合影响，出现了一系列问题，主要有地表水可利用量减少、水环境恶化、地下水严重超采、土壤次生盐碱化蔓延、水资源与水环境管理力度不够等。因此，围绕馆陶县开展水资源利用情况监测与水资源开发政策与措施研究，具有重要的现实意义。

根据 ETWatch 监测结果，馆陶县多年平均蒸散发量约为 640.2mm。在 2002～2015 年的监测周期内，蒸散发量在气候条件、作物种植结构和人为因素等多方面的共同作用下存在年际波动，其中 2014 年蒸散发量达到最大值，为 701.1mm，最小值年份出现在 2006 年，为 580.6mm。除 2003 年和 2010 年外，其余年份馆陶县蒸散发量均大于降水量，表现为水分亏缺，在 2002 年和 2014 年两个枯水年尤为严重，同时也在一定程度上解释了该地区地下水超采的原因，如图 3.18 所示。

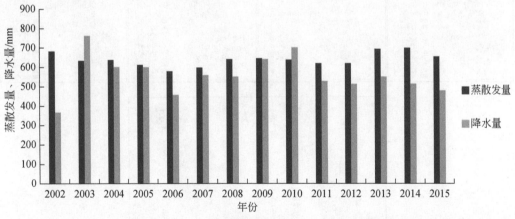

图 3.18　2002～2015 年馆陶县蒸散发量与降水量结果

在空间分布上，馆陶县北部的魏僧寨镇由于是典型的冬小麦和夏玉米双季作物区，作物种植强度大，分布集中，蒸散发量较高。在时间序列上，随着近年来馆陶县农业发展，作物种植面积扩张，作物种植比例逐年提高，馆陶县蒸散发量有增加的趋势。2014～ 2015 年基本趋于稳定。馆陶县 2002～2015 年的蒸散发量监测结果如图 3.19 所示。

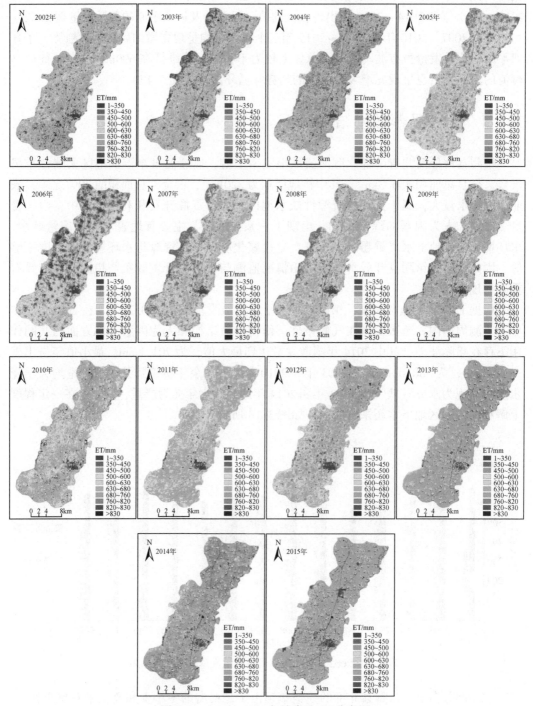

图 3.19　2002~2015 年馆陶县 ET 分布图

作物种植结构变化是影响馆陶县年际蒸散发量变化的重要原因。馆陶县作物种类丰富，其中冬小麦、夏玉米和棉花这三种高耗水作物占全县耕地种植的绝大部分，受国家农业政策和农民种植意愿的影响，馆陶县的作物种植比例在基本稳定的趋势下存在年际波动，三种不同耗水特征的作物播种面积变化直接影响馆陶县总的蒸散发量。

结合高分辨率遥感数据与多年的地面调查验证结果，我们制作了馆陶县 2002 ~ 2015 年 30m 分辨率冬小麦、夏玉米和棉花作物分布图，根据作物分布结果对三种作物的种植面积进行统计（图 3.20）：馆陶县的冬小麦种植面积在 2002 ~ 2011 年基本上维持在一个增加的趋势，并在 2011 年达到最大，种植面积约为 265.2km²，2014 ~ 2015 年冬小麦的播种面积有所减少；夏玉米的播种面积在 2002 ~ 2010 年较为稳定，种植面积在 150km² 左右，2011 年开始夏玉米播种面积陡增，并在 2014 年达到最大值，约为 266.6km²；受限于人工成本和经济成本，馆陶县棉花的种植面积逐年缩减，至 2015 年全县基本上不存在大面积种植棉花的情况。

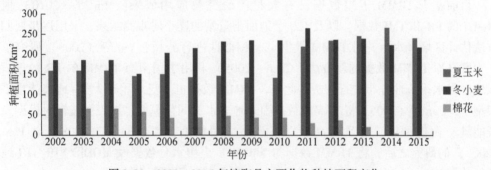

图 3.20　2002 ~ 2015 年馆陶县主要作物种植面积变化

结合作物种植面积分布分析，馆陶县的作物种植面积在 2002 ~ 2015 年基本趋于饱和，不存在大面积扩张的可能，但近年来馆陶县作物种植结构调整明显。虽然作为高耗水作物的棉花，种植面积在缩减，然而取而代之的是双季作物冬小麦和夏玉米，年际的作物生长耗水量要大于棉花，因此由作物种植结构调整造成的馆陶县蒸散发量的变化只增不减。

3.2　降　　水

降水是地表水循环的关键过程之一，准确掌握降水信息对研究不同时空尺度下的能量和水循环过程都起着至关重要的作用。传统的降水观测手段主要包括地面气象站点观测和地面测雨雷达等。气象站点因直接测量降水而具有较高的精度，但缺点是只能获得仪器设置相应点的降水数据，由点群降水数据向二维空间推广需要插值处理。而基于气象站点降水数据的插值存在着站点数量与站点分布的问题，因此插值精度限制了其应用范围。地面测雨雷达可以间接地获取时空分辨率较高的降水信息，但其理论基础复杂，观测范围也存在较大限制。因此，上述两种降水观测手段很难满足区域应用对降水监测的需要。因此在本书中，我们采用热带降水测量计划（tropical rainfall measuring mission，TRMM）卫星数据对地表降水进行监测。

3.2.1 TRMM 卫星简介

TRMM 卫星由美国国家航空航天局（National Aeronautics and Space Administration，NASA）和日本国家宇宙开发事业团（National Space Development Agency，NASDA）共同研制的试验卫星，发射于 1997 年 11 月 27 日。TRMM 卫星共搭载 5 种遥感仪器，分别为可见光和红外扫描仪（Visible and Infrared Scanner，VIRS）、TRMM 微波图像仪（TRMM MicrowaveImager，TMI）、降水雷达（Precipitation Radar，PR）、闪电图像仪（Lighting Imaging Sensor，LIS）及云和地球辐射能量系统（Clouds and the Earth's Radiant Energy System，CERES），其中 VIRS、TMI 和 PR 为 TRMM 卫星的基本降水测量仪器。

目前基于 TRMM 卫星数据已有大量的研究及应用成果：Min 等（2010）根据 TRMM 的 PR 和 TMI 数据，以及 120 个地面雨量站的逐小时观测结果，采用逐步回归的方法估计区域降水，并对 TRMM 数据空间相似性进行分析；Yin 等（2008）研究了订正青藏高原 TRMM 数据的新方法；Chen（2005）利用中国南海 TRMM 的 PR 数据，对该地区降水季节性分布进行分析。此外，TRMM 数据也广泛应用于大气–地表能量平衡模型中：Pan 等（2006）将 TRMM 数据引入地表水文同化模型、地表微波辐射模型及地表能量平衡模型中，并且提高了以上模型应用精度；McCabe 等（2008）继 Pan 等（2006）的研究之后，将 TRMM 数据与 AMSR-E 土壤水分数据及 MODIS VIR/TIR 地表通量数据结合，衍生出一种多元数据分析地表水文过程的新方法。

3.2.2 海河流域 TRMM 降水产品精度验证

Xiong 等（2009）将 TRMM 数据产品与海河地区气象站降水数据进行对比，从而对海河流域的短期内的降水模式及 TRMM 数据的适用性进行分析。

TRMM-3A25G2 数据产品由降水雷达观测格网数据，经过高精度内插算法得到。该数据范围覆盖 38°N～38°S 的地区，提供 0.5°×0.5°的近 100 种降水参数。而 TRMM-3B43 是基于 TRMM-3A25G2 及其他信息衍生出的月合成降水产品。

地面降水观测仍是目前对降水量最为准确的观测方法，我们收集了海河流域 2006～2015 年 165 个气象站点的降水数据，采用样条插值法得到降水空间分布的数据作为海河地区降水的真实反映。海河流域 2006～2015 年 TRMM 年均降水数据的空间分布及地面站点年均降水量插值结果如图 3.21 所示，可以看出，气候和地形是影响降水空间分布的主要因素。多雨区（600～700mm）主要沿燕山、太行山分布。相较于迎风坡，背风坡的降水量明显更低（400～500mm）。平原地区年均降水量一般在 500～600mm，而向南至东北沿海平原降水量则更加充沛（600～650mm），河北中部平原太行、沂蒙区块为明显低降水中心。

　　总体上看，TRMM 降水数据与站点数据插值在大范围空间分布上一致性较高，但 TRMM 数据在细节上具有更清晰的空间结构，并且能够明确描绘山区地形对降水带来的影响；而从数值上看，TRMM 降水数据比站点插值结果偏高 10% 左右。

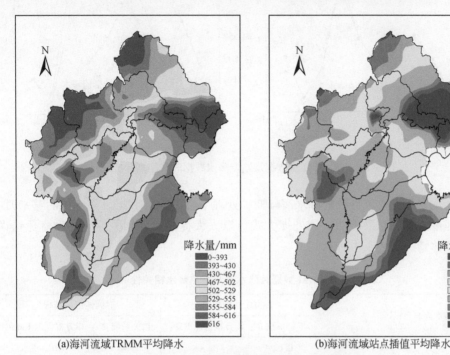

(a)海河流域TRMM平均降水　　　　　　　　(b)海河流域站点插值平均降水

图 3.21　2006～2015 海河流域多年平均降水空间分布

　　海河流域大部分地区属于温带季风性气候，降水受季风环流的显著影响，呈现季节性变化。雨季通常从 6 月中旬开始至 8 月底结束，部分地区可能受地形影响略有差别。图 3.22 为基于两种数据结果，对海河流域四个地区 2006～2015 年降水量的过程分析。

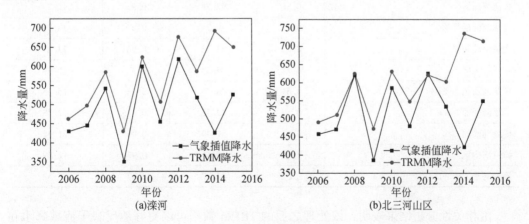

(a)滦河　　　　　　　　　　　　　　(b)北三河山区

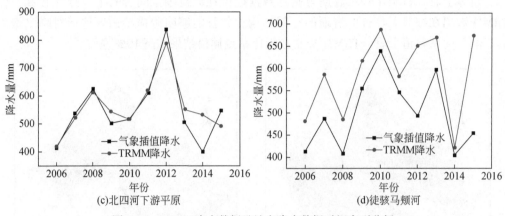

(c)北四河下游平原　　　　　　　　　　(d)徒骇马颊河

图3.22　TRMM降水数据及站点降水数据时间序列分析

为了匹配每年夏季风导致的降水高峰期,处理中将TRMM数据月降水量后移一月,进行时间匹配处理,结果表明,该处理方式可以大大提高二者相关性,并且避免错误的发生,具体情况如表3.2所示。

表3.2　TRMM数据月降水量与站点降水相关性

水资源三级区	TRMM 原始数据		时间匹配后结果	
	相关系数 R	均方根误差 RMSE	相关系数 R	均方根误差 RMSE
滦河山区	0.62	41.08	0.98	10.79
北三河山区	0.61	42.67	0.95	15.65
永定河册田水库至三家店	0.64	30.50	0.97	11.51
永定河册田水库以上	0.54	34.52	0.96	14.22
北四河下游平原	0.62	41.08	0.97	12.24
滦河平原及冀东沿海诸河	0.56	48.69	0.97	12.97
大清河山区	0.58	43.78	0.95	16.77
大清河淀西平原	0.67	36.74	0.97	14.87
大清河淀东平原	0.62	42.02	0.96	13.21
子牙河山区	0.64	39.54	0.97	10.99
黑龙港及运东平原	0.54	48.00	0.96	15.15
子牙河平原	0.58	42.32	0.97	12.38
徒骇马颊河	0.61	51.49	0.96	21.41
漳卫河山区	0.7	41.41	0.97	12.89
漳卫河平原	0.62	42.72	0.97	16.32

由相关性分析结果表明,该处理之后的TRMM数据可以更好地反映子流域降水在时间序列上的表现。为了进一步分析TRMM降水数据的空间分布和可能产生的影响因素,时间匹配处理后的TRMM数据与地表降水观测数据映射如图3.23所示。

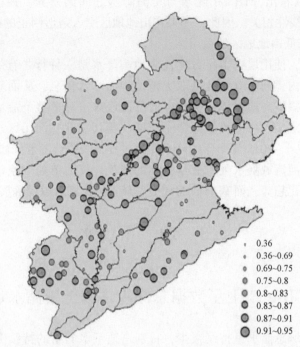

图 3.23　TRMM 月降水量与站点观测降水相关性分布图

　　从图 3.23 中可以看出，燕山及太行山迎风坡各站点的相关性较高；东部平原相关性次之；而太行山区背风坡相关性最低。在此定义参数平均绝对百分比误差（MAPE）为

$$\text{MAPE} = \frac{1}{n} \sum \frac{\text{Rain}_{\text{TRMM}} - \text{Rain}_{\text{GAUGE}}}{\text{Rain}_{\text{GAUGE}}} \tag{3.1}$$

式中，$\text{Rain}_{\text{TRMM}}$ 为 TRMM 数据月降水量；$\text{Rain}_{\text{GAUGE}}$ 为测站降水量。MAPE 随海拔及纬度的分布如图 3.24 所示。

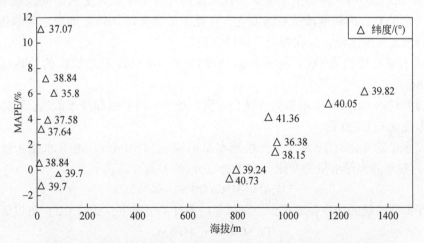

图 3.24　海河流域水资源三级区 MAPE 与纬度及海拔相关性示意图

由图 3.24 可以看出，TRMM 降水与实测降水之间的差异，在山地地区（海拔 > 800m），与海拔呈线性相关。因此，如果在山地地区引入地形纠正的机制，则可以大大提高 TRMM 数据在低山地地区的适用性。

在流域尺度上，使用遥感卫星数据监测地表降水是一种行之有效的观测手段。该方法能够在短时间内，同步有效地获取大范围地面降水信息，从而对流域内水资源模型、水资源管理等提供高质量输入数据。此外，该方法对于整个流域年际降水的变化趋势监测具有重大意义。海河流域四个子地区（滦河、北三河山区、北四河下游平原和徒骇马颊河）2006 ~ 2015 年十年的降水变化过程线表明：随着气候的变暖及工业化、城市化的推进，海河流域降水处于逐年增加的态势。仅由单独气象站点降水数据无法清楚地展现这种变化趋势，而基于 TRMM 卫星降水数据则可以明确展现这种趋势。

3.3　地　下　水

3.3.1　基于 GRACE 卫星数据总储水量和土壤储水量的估算

近年来海河流域总储水量持续减少，特别是地下水储量的持续下降威胁着此地区的水文生态安全。对总储水量及分量（土壤储水量和地下水储量）的动态观测是非常必要的。但是对储水量和开采量的监测主要集中在压力表的数据观测和专业模型模拟上。这些观测措施由于复杂的输入要求和参数、数据的前后矛盾性、数据结构的复杂性、数据时空上的差异性及人为和仪器的误差等造成很大的限制性。土壤储水量遥感估算的一个间接方法需要对土壤储水量进行反演，我们曾使用 MODIS 数据和 ASAR 雷达卫星数据对土壤储水量进行了演算，虽然这两种方法的空间分辨率较高，分别为 1km×1km 和 30m×30m，但是由于演算过程中需要较多参数，应用难度较大。本书提供了对于大尺度土壤储水量的一种更为直接方便的算法，即重力卫星 GRACE 的演算方法（Moiwo et al.，2009）。重力卫星在季节性尺度和几百千米或者更大空间尺度上，可以探测平均小于 1cm 的陆地水储量的变化。在此卫星数据的基础上推演总储水量、地下水储水量和土壤储水量，并在海河流域得到验证。

总储水量直接由 GRACE 卫星数据处理得到，GRACE 卫星数据的处理过程如图 3.25 所示。

经过处理的 GRACE 卫星数据，结合观测的地下水位数据和降水数据，可以估算土壤储水量变化和 ET 变化。

总储水量的变化（TWSC）、土壤储水量的变化（SMSC）、地下水储水量的变化（GWSC）和地表水储水量的变化（SWSC）之间的关系可以表示为

$$TWSC = SMSC + GWSC + SWSC \tag{3.2}$$

由于海河流域的地表径流很少，可以忽略不计的情况下，式（3.2）可以简化为

$$TWSC = SMSC + GWSC \tag{3.3}$$

因此土壤储水量的变化可以表示为

$$SMSC = TWSC - GWSC \tag{3.4}$$

由式（3.4）结合观测的地下水位的变化可以求出土壤含水量的变化。

因为总储水量的变化还可以表示为

$$TWSC = P - ET - R \tag{3.5}$$

式中，P、ET、R 分别为降水量、蒸散发量和径流量，在径流量忽略不计的情况下可以简化为

$$TWSC = P - ET \tag{3.6}$$

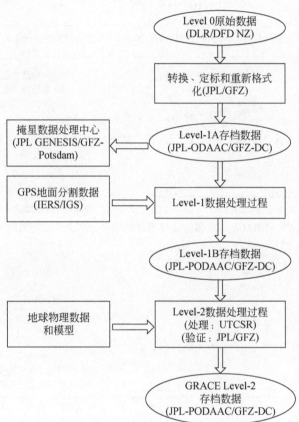

图 3.25　GRACE 卫星数据处理过程示意图

总储水量的验证：采用全球陆面数据同化系统 GLDAS/NOAH 模型估算土壤储水量，并利用土壤真实数据进行验证。经过验证的土壤储水量结合监测地下水数据来估算区域的 TWSC；将估算的 TWSC 与 GRACE 反演的 TWSC 进行比较。结果表明，两种方法得到的 TWSC 在季节和月份间都表现出一致性，平均偏差小于 10%（图 3.26）。

土壤储水量的验证：由 SMSC = P-ET-GWSC 可以用观测的降水量、地下水位变化和 ETwatch 计算的 ET 来验证 GRACE 演算的结果（Moiwo et al.，2011）。结果表明 GRACE 计算的结果合理，可以信赖（图 3.27）。

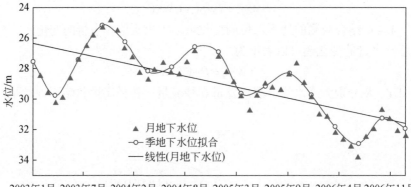

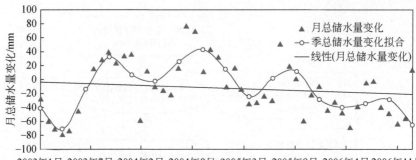

图 3.26 GRACE 卫星重力场模型计算结果与水文监测结果的对比

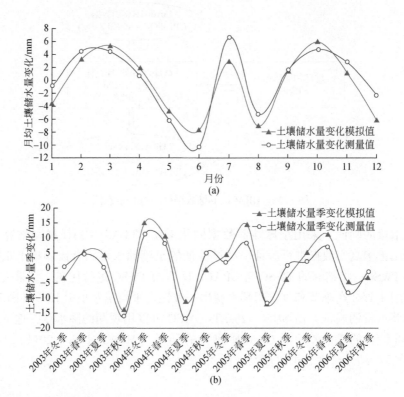

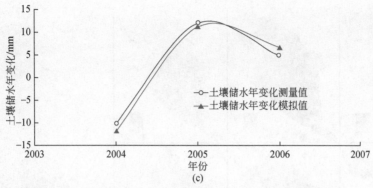

图 3.27　土壤湿度在年份、季节及月份上的变化（2003～2006）

图 3.28 和图 3.29 分别是海河流域总储水量、土壤储水量在 2003～2006 年的变化趋势及空间上的分布。海河平原总储水量季节性变化明显，表现为春低、夏高，这种趋势与该区域的春季灌溉、夏季降雨正好吻合。海河流域总储水量的消耗主要由地下水灌溉和蒸散发损失造成。尽管降水量和作物蒸散发相差很大，但土壤储水量季节性变化趋势不明显，这是以损失地下水储量为代价的。海河流域抽水灌溉引起了大面积地下水消耗，土壤储水量变化持续减小，发展有效的农作、管理措施以降低抽水灌溉量和蒸散发损失至关重要。

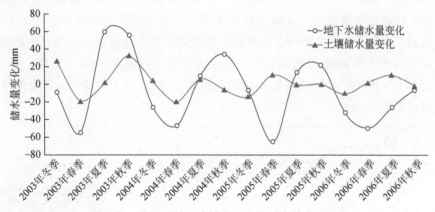

图 3.28　海河流域土壤储水量和地下水储水量变化

3.3.2　地下水位对农业用水量的响应

太行山前平原，是华北平原的典型粮食高产区域，同时也是我国水资源供需矛盾最严重的地区之一。区内多年平均降水量约 500mm，而小麦和玉米这两种主要种植作物的蒸散发量在 800mm 左右，由于地表水资源的大幅减少，只能靠超采地下水满足作物的生长需要，地下水位连年下降。地下水资源量的日益减少，成为区内农业可持续发展的重要障碍。利用作物模型 DSSAT（the decision support system for agro technology

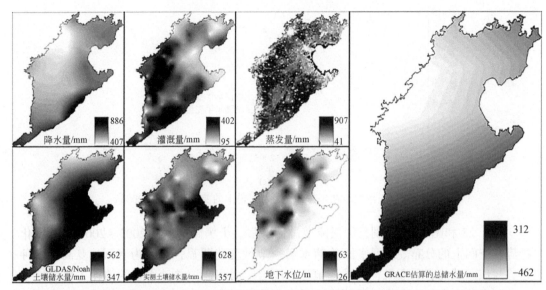

图 3.29 2003～2006 年平均水平上的海河流域降水量、灌溉量、蒸散发量（ETWATCH 方法）、
土壤储水量（来自 GLDAS/Noah）、地下水位、GRACE 估算的总储水量空间分布

transfer)、地下水模型 MODFLOW（modular three-dimensional finite-difference ground-water FLOW model）、分布式水文模型 SWAT（soil and water assessment tool）三个模型的耦合，分析了作物用水量与地下水位变化的关系，从而为制定切实有效的节水目标，研究南水北调客水对受水区的影响，减缓甚至停止地下水下降提供理论和方法基础。

石家庄山前平原部分（图 3.30），左依太行山，右侧是中部平原区，海拔 50～100m，总面积 4367km²。区域内 80% 的土地面积是农田，其中小麦-玉米轮作种植面积约占总耕地面积的 69%。

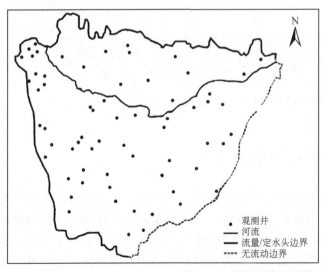

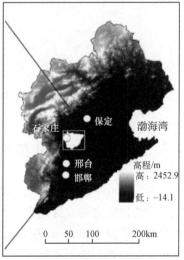

图 3.30 研究区位置示意图

DSSAT 模型中计算土壤含水量变化的公式如下：

$$dW/dt = P + I - R - D - E_s - E_p \tag{3.7}$$

$$ET = E_s + E_p \tag{3.8}$$

由式（3.7）、（3.8）得

$$D - I + \frac{dW}{dt} = P - R - ET \tag{3.9}$$

根据山前平原实际情况，假设灌溉用水量 I 全部来自地下水，所以 $D - I + dW/dt$ 即为作物使用地下水的量，于是我们得到区域地下水排泄量的计算公式：

$$RCH = P - R - ET \tag{3.10}$$

式中，RCH 为地下水排泄量；$\frac{dW}{dt}$ 为土壤含水量的变化；P 为日降水量；I 为灌溉用水量；R 为地表径流；D 为土壤水分下渗量；E_s 为土壤蒸发；E_p 为植物蒸腾。

石家庄山前平原地下水赋存于第四系全新统、上更新统及中更新统上段的松散地层中，多数研究表明该区域第一含水层和第二含水层之间有统一的水力联系，石家庄山前平原区整个含水层系统可以概化为单层的非均匀介质各向异性二维水流运动。在含水层边界上，含水层系统接收外界侧向补给或向外排泄，在裸露区接受大气降水入渗补给和农业灌溉水回渗，同时区域最主要的排泄方式为农业灌溉开采。

石家庄山前平原西部为冲洪积平原与山体的交界，可以作为侧向流量补给边界，利用 SWAT 模型得到侧向补给的流量，区域底部黏土层分布较多，而且部分连续，视其为相对稳定隔水层。南北边界方向水位等值线基本与边界垂直，近似认为没有水力联系，设为不透水边界。东侧边界有一定的侧向流量流出，定义为通用水边界（GHB）。

MODFLOW 地下水模型的识别和校验过程是整个模型中最为重要的一步，通常需要反复修改模型参数才能达到理想的拟合结果。模型的识别和验证遵循以下原则：①模拟的地下水流场要与实际地下水流场基本一致，地下水模拟的等值线与实测地下水等值线吻合。②模拟地下水的动态过程要与实测的动态过程基本相似，即要求模拟地下水位与实际地下水位过程线形状相似；③从均衡的角度出发，模拟的地下水均衡变化与实际要基本相符；④识别的水文地质参数要符合实际的水文地质条件。从图 3.31、图 3.32 可以看出模型能较好地拟合地下水位井的观测值。

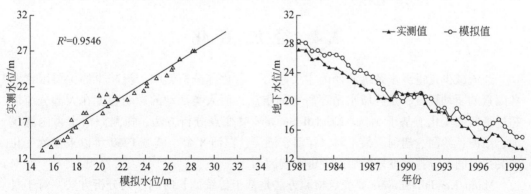

图 3.31　观测井实测值和观测值的拟合

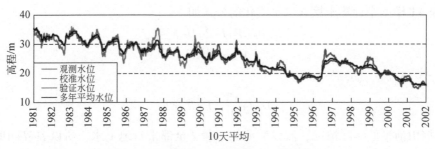

图 3.32 观测井 10 天步长的水位数据拟合

海河山前平原区的农业灌溉完全依靠开采地下水，造成地下水位下降严重，我们选取了研究区的 65 个井，建立了地下水位恢复方程，假设井的平均年末水头能恢复到年初状态，即视为地下水位不再下降，水位井恢复过程见图 3.33。

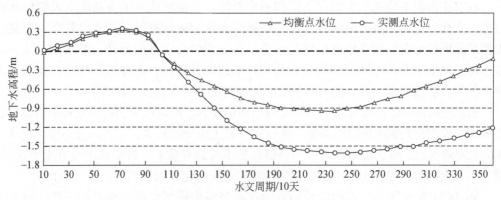

图 3.33 地下水位恢复过程调整图

利用建立的地下水位平衡井的数据作为地下水模型的观测井，在模型的运行过程中，通过手动调整地下水排泄量（RCH）的值进行模型的再拟合，此时的农业用水量可以认为是能够停止地下水位下降时的使用量。2000~2001 年模拟的结果显示，农业用水减少29.2%可以停止地下水位下降，在研究区内每年需要减少农业灌溉量约 135.7mm。南水北调工程对河北的设计供水量约 30 亿 m³，完全供水后可以基本实现区域的水量平衡。

3.4 径流变化

产流减少是世界水系统演变的主要趋势，量化和分析影响产流减少的主要因素和各因素的驱动程度，是区域水循环研究的重点，而人类活动的影响程度在大部分流域超过了气候变化。基于 Mann-Kendall-Sneyers 突变点分析方法，探测海河水系内滹沱河、冶河、沙河、唐河、桑干河、洋河、潮河、白河 8 个小流域 1960 年以来径流变化的突变时间，寻找突变期背后的关键影响因素。

Mann-Kendall-Sneyers 突变点检验方法是基于传统的长时间序列分析方法，对于具有 n 个样本量的时间序列 x，构造一个秩序列：

$$t_j = \sum_1^j n_j \quad (j = 2,3,\cdots,n) \tag{3.11}$$

式中，秩序列 t_j 为第 i 时刻数值大于 j 时刻数值个数的累计值。

$$n_j = \begin{cases} +1 & 当\ x_i > x_j \\ 0 & 否则 \end{cases} \quad (j = 1,2,\cdots,i) \tag{3.12}$$

在时间序列随机独立的假定下，定义统计量

$$U(t) = \frac{t_j - E(t_j)}{\sqrt{\mathrm{Var}(t_j)}} \tag{3.13}$$

式中，$E(t_j)$、$\mathrm{Var}(t_j)$ 分别为累计值 t_j 的均值和方差，在 $x_1, x_2, \cdots, x_n$ 相互独立，且具有相同的连续分布时，可以由下式推算：

$$E(t_j) = \frac{n(n-1)}{4} \tag{3.14}$$

$$\mathrm{Var}(t_j) = \frac{[j(j-1)(2j+5)]}{72} \tag{3.15}$$

$U(t)$ 为标准正态分布，它是按照时间序列 x 顺序 $x_1, x_2, \cdots, x_n$ 计算出的统计量序列，给定显著性水平 α，查正态分布表，若 $|U(t)| \leqslant U(t)_{1-\alpha/2}$，则表明序列不存在明显的趋势变化。按时间序列 x 逆序 $x_n, x_{n-1}, \cdots, x_1$，再重复上述计算过程，同时使得 $U'(t) = -U(t)$，$k = n, n-1, \cdots, 1$。

分析做出 $U(t)$ 和 $U'(t)$ 的曲线图，若 $U(t)$ 或 $U'(t)$ 的值大于 0，表明序列呈上升趋势，小于 0 则表示呈下降趋势。当它们超过临界直线时，说明上升或下降趋势明显。

Yang 和 Tian（2009）基于以上突变点检验方法，得到 8 个小流域年均系列的 Mann-Kendall-Sneyers 突变趋势分析结果（图 3.34），各个流域从 20 世纪 60 年代末到 90 年代末，$U(t)$ 普遍小于 0，表明流域在这个时期都出现了径流量下降的趋势。尽管各个流域径流量开始下降的时间不同，但都集中于 1968～1972 年。

另外，各流域的径流量发生突变的时间较为一致，都是在 1978～1983 年。冶河和滹沱河流域分别从 1972 年和 1970 年就开始出现径流下降趋势，但这种下降趋势到 1978 年、1979 年才开始加速；洋河和桑干河流域的径流量分别在 1969 年和 1968 年开始下降，它们的径流量突变时间分别是 1979 年和 1978 年；潮河和白河流域的径流量开始下降时间是 1970 年和 1968 年，径流突变发生在 1983 年和 1980 年；沙河和唐河流域径流量开始下降的时间都发生在 1970 年，它们的突变时间也一致，都是在 1980 年。

尽管各流域的径流量都存在下降趋势，并且径流量的突变时间都是在 1978～1983 年，但是，各流域的下降幅度及速度存在差异。其中，桑干河流域、洋河流域、冶河流域、滹沱河流域的下降幅度最大。桑干河流域的径流量出现下降趋势的时间最早，这种下降趋势达到显著性水平的时间也最早，发生在 1973 年；洋河流域、冶河流域、滹沱河流域分别在 1985 年、1982 和 1984 年出现显著性下降趋势；白河流域 1968 年出现下降趋势，在 1983 年，下降趋势达到显著性 $\alpha = 0.05$ 的临界值；潮河、沙河和唐河这三个流域径流量存在下降趋势，但是下降趋势均没有超过显著性

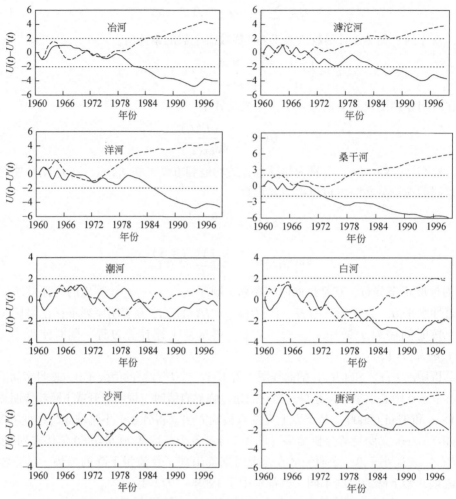

图 3.34　山区流域 Mann-Kendall-Sneyers 的年径流检验结果

$U(t)$ 为实线，$U'(t)$ 为虚线，另外两条虚线是 95% 显著性水平下的临界点

$\alpha = 0.05$ 的临界值。

　　降水和径流是水循环过程的两大因素，二者存在密切的相关关系。根据 Mann-Kendall-Sneyers 的年径流量检验结果，我们探测出每个流域径流变化的突变点，根据径流变化的突变点，将每个流域的径流量变化分为前后两个时期，分别拟合突变点之前和之后两个时期的降水量–径流量关系曲线。图 3.35 给出了 8 个流域两个时期的降水量和径流量的相关关系。

　　突变点后的降水量–径流量关系拟合直线普遍位于突变点之前的拟合直线的下方，说明同一量级的降水量，突变期后产流量明显减少。两条拟合直线之间纵坐标的距离，表明人类活动是造成各流域径流减少的主要因素。然而，人类活动的因素有很多，如 1958 ~ 1975 年山区大坝的修建，20 世纪 60 年代修建了很多水库，以及 1985 年以前土地利用方式的转变，从林地与草地转变为农田，工农业生活用水的激增等。但是哪一

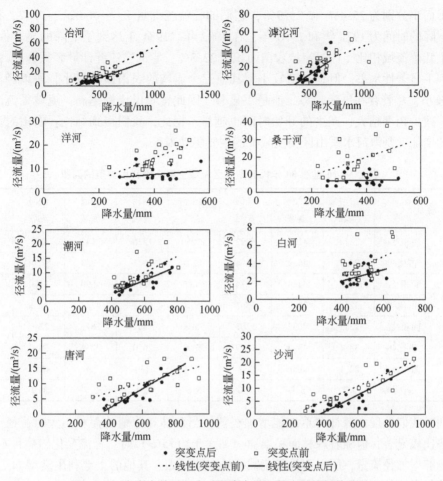

● 突变点后　　　□ 突变点前
······ 线性(突变点前)　──── 线性(突变点后)

图 3.35　突变点前后两个时期降水量和径流量的相关关系

类人类活动的因素是最主要的，才是我们要探讨的问题。8 个小流域内修建水库的时间与径流突变的时间并不一致，这可以认为年径流量的变化驱动力不是根源于水利工程建设，而其他的人为因素的影响，如下垫面条件的变化（如土地利用方式的改变）及与此同时，"家庭联产承包责任制"带来的包产到户、发放自留地等措施刺激了农民的种地积极性，引起的农业灌溉水量的激增可能占领了主导地位。

　　从表 3.3 可以看到，主要土地利用类型为农田、林地和草地，分别占 92.5% ~ 98%。另外，径流减少趋势与农田面积有直接关系。农田面积所占整个流域土地利用面积的比例大小是：桑干河流域>洋河流域>滹沱河流域>冶河流域>白河流域>唐河流域>潮河流域>沙河流域。农田面积和径流统计量 Z 的相关系数 R^2 很大，并且当农田面积超过约 25% 时，如冶河流域、滹沱河流域、洋河流域、桑干河和白河流域，径流的检验统计值$|Z|$将达到显著性 $\alpha=0.05$ 的临界值 1.96，从而通过显著性检验；桑干河流域农田面积最大，占 48.0%，它也是径流量衰减最早（1968 年）、衰减幅度最大的流域，径流统计量 Z 为-5.95；洋河流域农田面积稍低于桑干河流域，为 43.4%，该流域的径流下降发生的时间也较早（1969 年），径流统计量 Z 为-4.58；冶河和滹沱河流域

的农田面积分别为 25.4% 和 25.9%，它们的径流统计量 Z 为-4.02、-3.67，径流量开始下降的时间为 1972 年和 1970 年，在 1982 年、1984 年达到了下降的显著性水平；与以上几个流域相比，白河流域农田面积为 22.3%，它的径流统计量 Z 只为-1.97，尽管达到了显著性水平，但是幅度较小。其他三个流域的农田面积较小，所以径流统计量 Z 较小，尽管存在下降趋势，但是不显著。因此，农田比例越高，流域径流减少越显著、减少幅度越大、减少的开始时间也越早，据此，我们得到结论：农田对灌溉水利用的增加，是海河水系山区径流减少的主要驱动因素。

表 3.3　20 世纪 80 年代典型山区流域主要土地利用类型的面积

变量		冶河流域	滹沱河流域	洋河流域	桑干河流域	潮河流域	白河流域	沙河流域	唐河流域
农田	面积/km²	1512	4185	6292	13060	1230	2142	260	730
	占比/%	25.4	25.9	43.4	48.0	20.1	22.3	7.0	20.9
林地	面积/km²	1928	4353	2274	5121	3176	4590	1160	879
	占比/%	32.5	26.9	15.7	18.8	51.8	47.8	31.1	25.2
草地	面积/km²	2282	7032	5207	7508	1591	2611	2240	1796
	占比/%	38.4	43.4	35.9	27.6	26.0	27.2	60.0	51.4
其他	面积/km²	22.1	620	732	1514	130	258	75	91
	占比/%	3.7	3.8	5.0	5.6	2.1	2.7	1.9	2.4

同时我们发现，森林和草地能增加径流。当森林和草地的面积不大时，径流的下降趋势比较显著，但随着森林面积增加（如大于约75%）时，径流变化趋势将不明显。它们能够增加径流量，所以不是径流减少的主要原因。其他的土地利用类型如居民点、裸地等与径流的相关关系不大，不是造成径流减少的主要原因。

根据 1966 ~ 1967 年的逐月和逐日流量的实测资料对分布式水文模型（SWAT）进行率定，该时期流域受人类活动影响较小，实测径流的代表性较强。图 3.36 为 1966 ~ 1967 年模拟值与实测值的对比，并进行了精度评价。另外，用 1968 ~ 1972 年的实测径流数据进行了验证（图 3.37）。

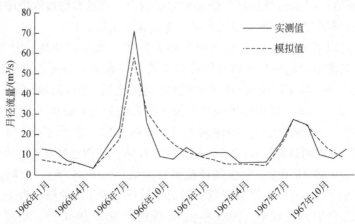

图 3.36　绵河流域 1966 ~ 1967 年月径流量模拟值与实测值的对比

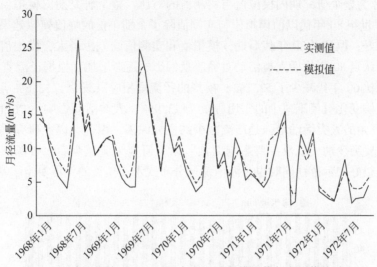

图 3.37　绵河流域 1968~1972 年月径流量模拟值与实测值的对比

　　径流的形成有两个条件——降水与下垫面状况。为了同时研究下垫面条件的变化与气候对径流减少的影响，并把二者影响的贡献率区分开，本研究以绵河为研究对象（海河流域主要水系滹沱河的支流），基于 20 世纪 80 年代的土地利用和 1966~1999 年的气候水文资料构建了绵河流域分布式水文模型（SWAT），Tian 等（2009）模拟研究了 34 年来气候和人类活动对流域水文过程的影响，试图从定性的分析和模型模拟出发，以初步揭示气候和人类活动对流域径流的影响并量化主要因子的贡献率，为流域水资源合理开发与管理提供决策支持。

　　从率定和验证的结果看，率定期（1966~1967 年）年尺度的相对误差（RE）分别为 7.1% 和 9.52%，验证期（1968~1972 年）相对误差在 3.64%~10.13%，确定性系数（R）均达到乙等以上，精度较好（表 3.4）。模型率定和验证的结果证明，通过调整模型参数，模型能比较准确地模拟该流域的径流量。具有较好的适用性。

表 3.4　验证期 1968~1972 年日尺度模拟值和实测值及相对误差

年份	观测值/(m³/s)	模拟值/(m³/s)	误差		相对误差/%
			日	月	年
1968	11.27	11.86	0.75	0.80	5.03
1969	11.27	11.89	0.68	0.84	5.23
1970	8.58	8.90	0.60	0.78	3.64
1971	8.54	9.51	0.72	0.75	10.13
1972	4.68	5.09	0.56	0.67	7.90

　　此外，为了进一步分析径流变化的原因，固定采用 20 世纪 80 年代的土地利用图作为整个研究时期土地利用状况，只考虑气候变化对流域径流的影响，输入 1966~1999 年的日气象数据后，使用经过校验的水文模型，模拟整个研究时段的径流。

图 3.38 为整个研究期内模拟值与实测值的对比，整个研究期内模拟值和实测值都在减少，20 世纪 80 年代以前模拟值与实测值除了个别年份的峰值模拟效果不佳外其他年份吻合较好，但到了 80 年代后期，模拟值和实测值的差距增大，模拟值往往高于实测值，初步认定 80 年代后人类活动对径流量的影响逐渐增加。根据径流实测值，90 年代的径流量比 60 年代减少了 52.7%，模拟的径流量相应只减少了 12.6%，因此，在该子流域，气候变化对径流减少的作用程度为 23.9%，人类活动影响占 76.1%，再次证明 1978 年开始的人类活动增强是产流减少的主要原因。因此，以上研究确定了海河流域产流的主要突变期，以及主要影响因素。以上研究为流域今后水资源管理提供重要参考，具有很好的示范性同时也为海河流域分布式水文模型的发展奠定了基础。

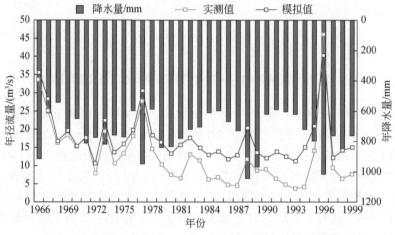

图 3.38　绵河流域 1966~1999 年年流量模拟值与实测值

参 考 文 献

Chen J. 2005. Spatial distribution and seasonal variability of the rainfall observed from TRMM precipitation radar (PR) in the South China Sea Area (SCSA). Advance in Earth Sciences, 20 (1): 29-35.

McCabe M F, Wood E F, Wojcik R, et al. 2008. Hydrological consistency using multi-sensor remote sensing data for water and energy cycle studies. Remote Sensing of Environment, 112 (2): 430-444.

Min Q W, Lin B, Li R. 2010. Remote sensing vegetation hydrological states using passive microwave measurements. IEEE Journal of Selected Topics in Applied Earth Observations and Remote Sensing, 3 (1): 124-131.

Moiwo J P, Yang Y H, Li H L, et al. 2009. Comparison of GRACE with in situ hydrological measurement data shows storage depletion in Hai River Basin, Northern China. Water SA, 35 (5): 663-670.

Moiwo J P, Yang Y H, Yan N N, et al. 2011. Comparison of Evapotranspiration estimated by ET-Watch with that derived from combined GRACE and measured precipitation data in Hai River Basin, North China. Hydrological Science Journal, 56: 249-267.

Pan M, McCable M F, Wood E F. 2006. Multi-sensor remote sensing and data assimilation of land surface and atmospheric variables for improved hydrologic modeling. Journal of Agricultural and Environmental Ethics, 9 (2): 93-113.

Tian F, Yang Y H, Han S M. 2009. Using runoff slope-break to determine dominate factors of runoff decline in Hutuo River Basin, North China. Water Science and Technology, 60 (8): 2135-2144.

Wood E, Pan M. 2013. Improving global soil moisture retrievals from AMSR-E through enhanced radiative transfer modeling and parameter calibration. EGU General Assembly Conference. EGU General Assembly Conference Abstracts, 15.

Wu B F, Yan N N, Xiong J, et al. 2012. Validation of ETWatch using field measurements at diverse landscapes: A case study in Hai Basin of China. Journal of Hydrology, 436-437 (5): 67-80.

Xiong J, Mao D F, Yan N N. 2009. Evaluation of TRMM Satellite Precipitation Product in Hydrologic Simulations of Hai Basin. //Zhang H, Zhao R M, Zhao H C. River Basin Research and Planning Approach : Proceedings of International Symposium of HAI Basin Integrated Water and Environment Management. Marrickville, NSW, Australia: Aussino Academic Publishing House: 180-186.

Yang Y H, Tian F. 2009. Abrupt change of runoff and its major driving factors in Haihe River Catchment, China. Journal of Hydrology, 374: 373-383.

Yin Y H, Wu S H, Zheng D, et al. 2008. Radiation calibration of FAO56 Penman-Monteith model to estimate reference crop evapotranspiration in China. Agricultural Water Management, 95 (1): 77-84.

第4章　流域耗水管理

4.1　流域耗水管理理念与实践

耗水管理着眼于通过控制和减少水资源的消耗（ET），实现水资源的可持续利用，是传统水资源管理方法的延伸与拓展。传统的水资源管理强调用水量的节约，即通过减少用水量实现水资源的节约，用水量的节约在本质上能够减少机会 ET，是耗水管理的必经之路。耗水管理的思路很好地解释了传统节水工作中取水减少而耗水增加的节水怪圈，提出了采取基于 ET 控制的真实性节水措施才能实现水资源的高效利用。耗水管理是对"供水管理"和"需水管理"的补充和完善，是科技进步的产物，也是水资源管理理念的一次飞跃。Wu 等（2014a）在海河流域耗水管理多年实践的基础之上，率先提出耗水管理的四个步骤：耗水平衡分析、人类活动可持续耗水量评估、耗水量贸易竞争与反馈、耗水目标实现度的评价。

耗水平衡分析。流域耗水平衡分析是假定长时段内，土壤含水量保持不变的前提条件下，通过计算流域内降水量和入境流量与耗水量和出境流量的差值，判断流域水资源蓄变量的变化情况。宏观上总体把握流域水资源的整体消耗状况，将为水资源论证与评价、水资源可持续发展管理政策提供决策支持信息。耗水量既包含遥感估算的地表蒸腾蒸发量，同时也包含流域内工业与生活的耗水量。工业耗水量主要通过调查流域内典型工矿企业的供水、排水与工业总产值，确认单位产值的耗水系数，然后结合调查工业部门的工业总产值来估算工业耗水量。生活耗水量指的是维持流域内人畜生命体征所消耗的水资源总量，调查的方法往往是通过选定典型的社区、学校、医院等大型居民活动区，核算调查对象的供水、排水、人畜数量，确定耗水系数，然后结合人畜总量，估算流域总的生活耗水量。

人类活动可持续耗水量评估。人类活动可持续耗水量指的是流域在没有外来水源、地下水不超采、流域生态环境不破坏、流域地表水与地下水的联系不中断的前提条件下，流域内部可供人类活动消耗的水资源量。人类活动可持续耗水量首先区分自然与人类活动产生的耗水量，然后由流域降水量与自然耗水量及出境流之差计算得到人类活动可持续耗水量。自然耗水量既包含自然生态系统地表覆被通过蒸腾或蒸发消耗的降水量，同时也包括人工覆被中无法避免的降水消耗量，如耕地在未种植作物情况下消耗的降水量、居住地不透水面消耗的降水残留量。人类活动可持续耗水量表征流域水资源可持续利用前提下，人类活动水资源可消耗量的上限，并非针对某一特定的年份，其为多年的平均值。

耗水量贸易竞争与反馈。在人类活动可持续耗水量的约束下，水资源管理部门可根据流域的实际情况，为生活、工业与农业等行业分配一定额度的可耗水量。在可耗水量的分配过程中，通常需要考虑不同耗水类型之间的优先级，相同耗水类型不同耗水单元的耗水效益等要素，具体的指导原则包括：①优先满足工业与生活耗水需求；②综合考虑国家、区域与当地政府主管部门的水资源管理目标；③考虑相同耗水类型之间不同用水户的耗水效益。耗水权的分配强调的是耗水量的控制，而不是用水权的限制，其目的是将水资源管理的核心从供水、需水控制向耗水管理转移，其最终的目的是通过促进耗水权的转移，提升流域单位耗水量的效益。

耗水目标实现度的评价。耗水目标实现度是通过比较流域多年总的实际耗水量与人类活动可耗水量的差值，进而评价流域耗水目标的实现度。实现度大于0说明在评价时段内流域的水资源消耗量是可持续的，而实现度小于0说明评价时段内流域总的水资源消耗量是不可持续的，且实现度越小表明流域地下水超采越严重。

如何减少耗水量是耗水管理的重要步骤，以农业耗水为例，农业水分生产率（CWP）是评价农业耗水效率的重要指标，农业耗水管理的核心是如何提升水分生产率，即在维持当前产量的前提下，减少农业耗水量，或在维持当前耗水量的前提下，增加产量，进而压缩农业规模，实现耗水量的节约。提升农业水分生产率的措施因农业发展所处的阶段而异，具体如下。①雨养农业：对雨养作物而言，年与年之间降水的波动通常导致粮食产量的异常波动，在供水得不到保证的前提下，农民通常会采取消极的管理措施，通过减少农业生产的要素投入，降低农户的种植风险。覆膜通常是改善雨养作物水分条件的常用管理措施，即通过覆膜技术，减少土壤的棵间蒸发，增强土壤的保墒能力。雨养作物保墒能力的改善，将会促使农户增加农业生产要素的投入，进而增强作物的产量，提升农作物的耗水管理水平。②灌溉农业：当农业发展到灌溉农业阶段时，农户在干旱年景耕地种植水源有保障时，农户往往愿意增加农业生产要素的投入来提升农作物的产量，相应的作物耗水量也会增加，关键是土壤棵间蒸发的增强会导致灌溉水的巨大浪费。因此，该阶段农业耗水管理的首要措施是减少无效ET的消耗量。在灌溉农业阶段，蒸散发与作物单产之间的相关性并不是简单的线性关系。作物单产与蒸腾量之间通常呈现显著的线性相关特性（Howell，1990），如果能够将农田的土壤蒸发减少至最小值，尽可能地增加作物蒸腾量，将极大增加作物的产量。无效ET的减少对于农业节水有非常重要的意义，然而必要的棵间蒸发有利于改善作物生产的环境条件。Balwinder-Singh等（2011）的研究表明，当作物种植密度较大时，作物ET的增加能够改善田间微气候，从而提升农作物的产量。因此，维持农业区的生态环境健康，需要维持一定量的蒸发消耗。③当作物ET相对稳定时，即农业的发展进入第三个阶段时，水分生产率目标是增加作物产量。在此阶段，农业水分生产率的提升将更多依赖于种子、化肥与其他农作物生产要素的投入。

4.2　流域人类活动可耗水量

流域人类活动可耗水量是流域耗水管理的核心，是开展耗水权分布、交易与流域耗水目标实现度评价的关键所在。本节以小海河流域（不包含滦河流域与徒骇马颊河流域）为例，以2001~2012年为时间段，利用降水、ET、土地利用与入海流量等数据，研究人类活动可耗水量的估算方法。入海流量数据为统计数据，来自历年的海河流域水资源公报，其余数据都为遥感数据。

降水数据集：本节中的降水采用第 7 版的 TRMM 逐月降水量数据与地面雨量站实测数据融合的方法获取 2001～2012 年降水量。2001～2012 年，流域可用的降水站点有效数据量为 56～65 个。通常而言，降水台站的实测数据在单点或者小区域尺度通常具有较高的精度（Muhammad and Bastiaanssen，2012）. TRMM 3B43 是 TRMM 降水系列产品的最终产品，其融合了降水雷达、被动微波、静止气象卫星与 GPCC 地面雨量站降水量监测结果，空间分辨率为 0.25°（Huffman et al.，2007）。通常假定 TRMM 卫星降水数据能够正确反映降水的空间结构，而估算的降水量的绝对值存在一定的误差（Muhammad and Bastiaanssen，2012）。为增强 TRMM 卫星的适用性与测量精度，Muhammad 和 Bastiaanssen（2012）提出了基于地理差异分析（GDA）的 TRMM 3B43 误差订正方法，在印度流域的使用过程中效果较好。Zheng 和 Bastiaanssen（2013）提出了基于 GDA 订正与降尺度相结合的方法获得空间分辨率为 1km 的 TRMM 3B43 降水数据集。仅就收集的雨量站数量来看，除 2002 年之外，当前雨量站的密度小于 3 个/万 km^2，在站点密度较低的情景下，通过空间插值拓展的方式获取的流域尺度降水数据集具有很强的不确定性。本节采用 GDA 与重采样的方法，获取海河流域 2001～2012 年的空间分辨率为 1km 的降水数据集。以海河流域边界为统计单元，统计得到 2001～2012 年海河流域的年均降水量为 1132.8 亿 m^3，而同时段海河水资源公报统计的多年平均降水量为 1138.6 亿 m^3，二者相差 5.8 亿 m^3，相对偏差为 0.51%。2001～2012 年二者数据的相关性统计分析表明，决定系数 R^2 为 0.92，偏差的标准差为 32.9 亿 m^3，整体上具有较高的精度。

蒸散发数据集：蒸散发数据由中国科学院遥感与数字地球所研发的 ETWatch 系统监测而来，其监测的时段为 2001～2012 年。ETWatch 系统包含数据获取、数据预处理、ET 监测、ET 统计与数据库管理五大系统。该系统综合利用能量平衡残差法与彭曼公式，估算地表蒸散发。Jia 等（2012）和 Wu 等（2012）通过比对 ETWatch 监测结果，蒸渗仪、涡度相关仪、大孔径闪烁仪和水平衡监测结果，以及北京师范大学第三方独立评价表明，该数据在田间尺度的年度偏差在 3%～9%，子流域尺度偏差为 3.8%，流域尺度偏差为 1.8%。

土地利用/土地覆被数据集：本节采用中国科学院遥感与数字地球研究所数字农业室研制的 2000/2005/2010 年 ChinaCover 土地利用数据集（Wu et al.，2014b），该数据集的空间分辨率为 30m，本节采用众值重采样的方式将数据的空间分辨率由 30m 重采样为 1km。该数据联合使用 Landsat 与 HJ 星数据，采用面向对象的方式将地表覆被分为林地、草地、湿地、耕地、城镇用地与其他地物类型，该数据集的一级类的相对误差不超过 4%。

4.2.1　流域人类活动可耗水量估算方法

流域人类活动可耗水量的估算方法可以表示为 $ACW = P - ET_n - Q$，其中 ACW 为流域人类活动水资源可持续消耗量，P 为降水量，ET_n 为流域自然耗水量，Q 为流域入海流量。

降水量采用地理差异分析法，通过对 TRMM 3B43 数据订正，重采样获得空间分辨率为 1km 的 2001 ~ 2012 年降水量数据集。关于地理差异分析法的更多细节见 Muhammad 和 Bastiaanssen（2012）的研究。

自然耗水量（Wu et al.，2014a）表示的是在没有人类活动直接影响下，流域不同地表覆被的水资源消耗量，依据 ChinaCover 土地覆被类型，本节将自然耗水量分为林地、草地、水体湿地、农业用地、居住地及裸地六大类。其表达式如下：

$$ET_n = ET_{for} + ET_{gra} + ET_{wet} + ET_{fal} + ET_{urb} + ET_{bar} \tag{4.1}$$

式中，ET_{for} 为天然林地耗水量；ET_{gra} 为天然草地的耗水量；ET_{wet} 为天然湿地与水体的耗水量；ET_{fal} 为假定耕地未种植情景下的耗水量、ET_{urb} 为居住地耗水量；ET_{bar} 为裸土、裸岩、滩涂等未利用地的耗水量。

林地、草地、水体湿地、裸地的耗水量通过叠加遥感 ET 数据与土地利用/覆被数据，采用空间统计叠加分析的方法获取；农业用地与居住地的耗水量的估算方法简叙述如下。

1）农业用地耗水量

步骤 1：采用基于时间序列的耕地未种植识别方法，提取耕地未种植区的空间分布（Zhang et al.，2014；张淼等，2015）。

步骤 2：采用空间叠加方法，通过叠加耕地未种植区与遥感 ET 数据集，获得未种植耕地区的 ET 值。

步骤 3：利用空间插值技术，获得空间分辨率为 1km 的农田区未种植耕地的 ET 值。

其中耕地未种植区的提取是核算农田区自然耗水量的关键步骤，中国科学院遥感与数字地球所数字农业室提出耕地未种植比例遥感识别法（张淼等，2015；Zhang et al.，2015），在中国华北平原与阿根廷地区的精度验证结果均不低于 96%，本研究采用该方法获取未种植耕地的空间分布。

2）居住地耗水量

居住地耗水量分为两种情景，第一种情景指的是居住地中的不透水区降水量扣除径流后残留的降水量；第二种情景是居住地中的透水区，在不种植任何人工景观的情景下消耗的降水量，后者的计算方法与农业用地耗水量的计算方法相同。居住地耗水量所在的比例通常较小，本研究采用他人已有的不透水区产流系数结果估算不透水区的自然耗水量，刘家宏等（2009）在海河流域天津的研究结果表明，不透水面降水残留量的 10% 用于蒸发。不透水区的提取是居住地自然耗水量估算的关键，当前有多种关于不透水面遥感估算的方法，如归一化差值不透水面指数方法（NDISI）（Xu，2010）、多端元光谱分析（MESMA）方法（Roberts，1998），在本研究中，MESMA 方法被用于不透水面的遥感识别提取（Wang et al.，2011）。

3）农业耗水量

农业耗水量（ET_{agv}）可分为作物未种植的耗水量（ET_{fal}）与作物种植新增加的降水与灌溉用水耗水量（ET_{crops}），$ET_{crops} = ET_{agri} - ET_{fal}$。$ET_{crops}$ 又可以进一步分为作物种植新增的降水消耗量与灌溉用水消耗量。其中灌溉用水消耗量数据来自海河流域水资源公报。作物新增的降水消耗量即作物耗水量与作物消耗的灌溉水量之差。

4.2.2 海河流域可耗水量分析

2001~2012 年，海河流域农田年总耗水量为 661.8 亿 m³（表 4.1），其中农田自然耗水量为 329.1 亿 m³，农田作物耗水量为 332.27 亿 m³。农作物耗水量中 41.2% 是灌溉 ET_{crops_irri} 导致的，58.8% 是由降水 ET_{crops_rain} 引起的，灌溉显著增加了流域农作物总的耗水量。

表 4.1　2001~2012 年海河流域农业耗水　　　　（单位：$10^9 m^3$）

年份	2001	2002	2003	2004	2005	2006	2007	2008	2009	2010	2011	2012	平均	%
ET_{agri}	63.44	63.79	73.35	67.97	61.91	66.12	65.6	72.53	64.61	64.47	63.73	66.68	66.18	100
FT_{fal}	30.78	34.12	33.91	32.98	32.7	33.53	33.8	33.29	32.98	32.17	32.95	31.75	32.91	49.7
ET_{crops}	32.66	29.67	39.44	34.99	29.21	32.59	31.8	39.24	31.63	32.30	30.78	34.93	33.27	50.3
ET_{crops_irri}	15.20	15.17	14.16	13.26	12.91	14.19	13.04	13.53	13.49	13.32	13.17	13.10	13.71	41.2
ET_{crops_rain}	17.46	14.50	25.28	21.73	16.30	18.40	18.76	25.71	18.14	18.98	17.61	21.83	19.56	58.8

注：ET_{crops_irri} 数据来自海河水利委员会

2001~2012 年，海河流域降水、不同土地覆被类型自然耗水量、入海流量、可持续耗水量估算结果见表 4.2。研究时段内多年平均自然耗水量为 789.3 亿 m³，占同期降水总量的 68.83%，即研究区域内大部分的降水都被自然地物所消耗。扣除自然耗水量与入海流量后，流域人类活动可耗水量仅占同期降水总量的 29.91%。2001~2012 年，海河流域人类可持续耗水量为 343 亿 m³，人类活动可持续耗水量年与年之间的波动较大，2002 年仅为 180.1 亿 m³，最大为 2003 年的 490.7 亿 m³。

表 4.2　降水、不同土地覆被类型自然耗水量、入海流量与可持续耗水量（单位：$10^9 m^3$）

年份	P	自然 ET							自然 ET/P/%	入海流量	ACW	ACW/P/%
		ET_{for}	ET_{gra}	ET_{wet}	ET_{fal}	ET_{urb}	ET_{bar}	总计				
2001	93.84	25.35	14.54	2.35	30.78	0.88	0.20	74.10	78.96	0.00	19.74	21.04
2002	91.66	22.95	13.01	2.18	34.12	1.01	0.23	73.50	80.19	0.15	18.01	19.65
2003	136.34	30.68	17.68	2.58	33.91	1.30	0.29	86.44	63.40	0.83	49.07	35.99
2004	122.35	27.01	13.41	2.36	32.98	1.25	0.23	77.24	63.13	1.40	43.71	35.73
2005	110.71	24.42	12.16	2.30	32.70	1.22	0.19	72.99	65.93	1.04	36.68	33.13
2006	101.07	27.24	13.77	2.37	33.53	1.19	0.23	78.33	77.50	0.93	21.81	21.58
2007	114.56	27.13	14.43	2.26	33.80	1.25	0.24	79.11	69.06	0.92	34.53	30.14
2008	124.64	31.09	14.10	2.34	33.29	1.49	0.26	82.57	66.25	1.94	40.13	32.20
2009	115.33	28.91	13.07	2.39	32.98	1.45	0.27	79.07	68.56	1.59	34.67	30.06
2010	116.11	31.95	14.47	2.37	32.17	1.39	0.24	82.59	71.13	1.52	32.00	27.56
2011	118.53	29.62	14.22	2.33	32.95	1.46	0.27	80.85	68.21	1.84	35.84	30.24
2012	130.96	30.74	13.84	2.40	31.75	1.51	0.27	80.51	61.48	5.08	45.37	34.64
平均	114.67	28.09	14.06	2.35	32.91	1.28	0.24	78.93	68.83	1.44	34.30	29.91

　　可持续耗水量取决于降水量，随着降水量的增加而增大，随着降水量的减少而缩小（图 4.1）。可耗水量与降水量之间呈现明显的线性相关特征，R^2 为 0.93。同时可持续耗水量还取决于特定年份的自然耗水量大小，同时可耗水量还受不同地物类型的影响，如土地利用方式等。以降水为例，流域多年平均降水量为 1133.3 亿 m^3，其中 2003 年降水量最大，为 1304.4 亿 m^3，2002 年仅为 928.4 亿 m^3。以 6 年为一个时间间隔分析各要素的动态变化，2001~2006 年多年平均降水量为 1080.2 亿 m^3，2007~2012 年为 1186.5

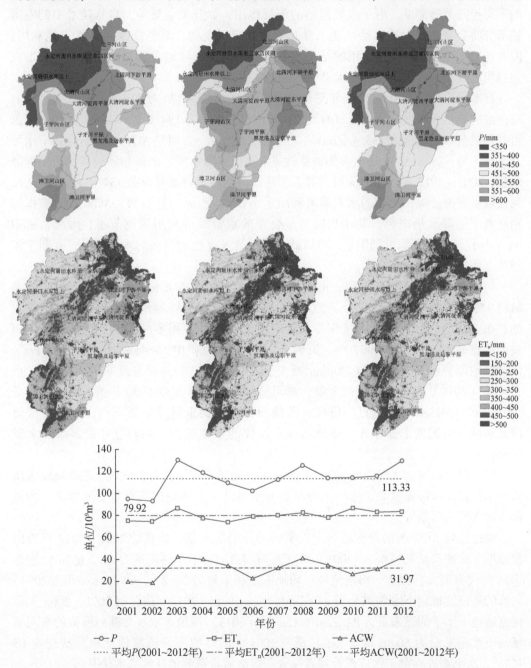

图 4.1　2001~2012 年海河流域降水、自然耗水、可耗水量空间分布图与时间过程线

亿 m³, 相比第一阶段增长 106.3 亿 m³。与此同时, 2001~2006 年多年平均人类活动可持续耗水量为 301.9 亿 m³, 2007~2012 年增长至 357.2 亿 m³, 仅增长 51 亿 m³。ACW 的增长量小于降水的增长量, 这意味着第二阶段比第一阶段消耗了更多的水资源。

对水资源可持续消耗利用的流域而言, ACW 符合下述的三个条件: ①地下水长期保持稳定; ②流域地表径流能够维持流域生态与环境用水的基本需求; ③河道中有一定的流量, 重要生态功能区的用水得到保障。自然耗水中的一部分属于雨养耕地产生的不可控的蒸腾蒸发。由于人类活动的干扰作用, 如开荒屯垦等, 自然耗水中的不可控部分将会增长。人类活动可耗水量并不是固定不变的, 其是降水与自然土地利用, 降水与人工地表覆被交互作用的结果。如果所在的研究区地表覆被或土地利用类型发生急剧的改变, 人类活动可耗水量也将随之发生改变。

在本研究中, 2001~2012 年海河流域多年平均的 ACW 为 329.6 亿 m³, 而同期, 海河水利委员会水资源公报公布的流域水资源可利用量为 194.2 亿 m³, ACW 比水资源可利用量公布的数值大 135.4 亿 m³。二者的巨大差异一方面是 ACW 不仅包含地下水可开采量, 另一方面 ACW 还包含作物蒸腾蒸发消耗的降水量。如果扣除被作物消耗的降水量, 2001~2012 年, 海河流域可供人类活动消耗的水资源量仅为 134 亿 m³, 比《海河流域水资源公报》公布的水资源可利用量小 60.2 亿 m³, 这表明, ACW 扣除被作物消耗利用的降水量之后, 其比当前公报公布的水资源可利用量更节水, 因此, 采用 ACW 替代流域水资源可利用量, 可以减少分配给人类活动消耗的水资源量, 有利于流域生态环境的保护。

如果流域没有农作物种植, 由种植作物新消耗的 195.6 亿 m³ 降水量将为改善流域的生态环境提供支撑, 如补给地下水、陆表水体与流域湿地。而如今, 由于农业的扩张, 这部分水资源完全被作物所消耗, 流域水体面积萎缩、地下水位下降。相关的证据表明, 1960~2007 年, 海河流域的水体面积由 5964km² 减少至 2755km²。流域湿地面积由 1950 年的 10000km² 减少至 2005 年的 1000km²(夏军等, 2005)。卢善龙等 (2010) 也发现相同的现象, 海河流域的湿地面积由 1980 年的 5360km² 减至 2007 年的 4331km²。尽管已有研究对湿地面积减少的量计算结果不同, 但是海河流域湿地减少的速度十分惊人。湿地与地表水体的迅速减少, 同时意味着多余的水资源被作物的不断扩张所消耗。

当前海河流域的入海流量仅为 14.4 亿 m³, 远远小于维持海河流域生态环境健康所需的水资源。入海流量对于维持河道与近海水域的生态环境健康有重要的意义, 如抵御海水入侵与污染等。

通过比较 ACW 与海河流域当前人类活动总的耗水量, 估算的 2001~2012 年海河流域地下水超采量见表 4.3。2001~2012 年海河流域地下水超采量为 41.2 亿 m³。根据 1998 年《海河志》报道, 海河流域年均地下水超采量为 50.2 亿 m³。Foster 等 (2004) 估算的海河流域地下水超采量为 88 亿 m³。Famiglietti (2014) 估算的 2002~2008 年海河流域地下水平均超采量为 83 亿 m³。Cao 等 (2013) 用地下水水文模型模拟的海河流域地下水超采量为 50 亿 m³。Kendy 等 (2004) 估算的海河流域地下水亏缺量为 65 亿 m³。水平衡表有助于水资源管理者深入了解流域水资源消耗的基本状况。

表 4.3　2001～2012 年海河流域水平衡分析　　　　（单位：$10^9 \mathrm{m}^3$）

年份	ACW	人类活动水资源实际消耗量					地下水超采量
		农田	居住地	生物能	化学能	合计	
2001	19.73	32.66	2.12	0.06	2.04	36.88	−17.15
2002	18.02	29.67	2.32	0.06	2.04	34.09	−16.07
2003	49.06	39.44	2.53	0.06	2.04	44.07	4.99
2004	43.72	34.99	3.24	0.06	2.04	40.33	3.39
2005	36.68	29.21	2.76	0.06	2.04	34.07	2.61
2006	21.8	32.59	3.01	0.06	2.04	37.7	−15.9
2007	34.53	31.8	2.93	0.06	2.04	36.83	−2.3
2008	40.13	39.24	4.1	0.06	2.04	45.44	−5.31
2009	34.67	31.63	3.34	0.06	2.04	37.07	−2.4
2010	32.01	32.3	3.3	0.06	2.04	37.7	−5.69
2011	35.84	30.78	3.35	0.06	2.04	36.23	−0.39
2012	45.37	34.93	3.63	0.06	2.04	40.66	4.71
平均	34.3	33.27	3.05	0.06	2.04	38.42	−4.12

注：化学能数据由海河水利委员会提供

　　表 4.3 表明海河流域地下水超采量为 41.2 亿 m^3，占海河流域降水总量的 3.59%，占总的实际耗水量的 10.72%。在总耗水量中，农田耗水量占总耗水量的 87%，居住地人工植被与水体耗水量占总消耗量的 8%，工业耗水占 5%。

　　当前的水资源管理方法是假定流域没有受到人为活动的干扰，或者人为干扰较小的流域，核算的水资源可利用量。而 ACW 则充分利用遥感数据源，克服复杂的人类活动与变化环境对水资源的扰动，所用的数据中，遥感数据具有直接、客观、覆盖范围广的特征，地表覆被及其产生的耗水量的变化可以利用 ACW 的方法快速核算。ACW 是流域人类活动可耗水量的上限，任何新的人类活动的扰动都将打破该平衡，如毁林将减少森林的耗水消耗，而增加农田的耗水量。同样，人工筑坝也将增加河水的拦蓄能力，减少入海流量，从而增加人类活动的水资源可消耗量。在相同的时间段内，如果海河流域的地表覆被类型保持相对稳定，ACW 则是当前人类活动可持续消耗的水资源量。

　　ACW 是流域内可供农业、工业与生活用水消耗的水资源量。供水量经过循环反复使用多次自后，将全部消耗。一旦耗水量确定，将使得流域内人类活动、水资源发展规划和水资源管理有据可寻。ACW 考虑了流域内所有的人类活动，而基于取水量的水资源管理方法仅考虑人类活动的需求，如工业、生活与灌溉等，而不包括农田耗水量或植被耗水量的增长。

　　ACW 通过核算降水量、自然耗水量、入海流量计算得到。人类活动如修建拦河坝、地下水开采与回水等并不影响 ACW 的核算。但是，上述人类活动对基于取水权的水资源管理方法有较强的影响。ACW 计算也相对简单，并不需要地下水、生物能、化学能甚至农业 ET 数据的支撑。

ACW 与流域的生态过程直接相关。ACW 随着生态恢复的增强而减少，随着农田扩张的增加而增强。ACW 与水资源决策密切相关，同时也考虑水之间的相互权衡，如生态恢复与人类活动等。

ACW 的概念已经超越了 ET 可控与不可控的范畴。如果流域地下水过度超采，可控 ET 超越 ACW，则就意味着流域范围内存在地下水超采或跨境调水等现象。

ACW 与水资源可利用量截然不同。ACW 大于水资源可利用量的主要原因是其包含作物蒸腾消耗的降水量。如果扣除该部分水量，2001 ~ 2012 年海河流域 ACW 比水资源可利用量小 25%。

4.2.3　小结

本节主要介绍了人类活动可耗水量的估算方法，并以 2001 ~ 2012 年海河流域为例，估算海河流域的人类活动可耗水量。研究结果表明，2001 ~ 2012 年，海河流域 ACW 为 329.6 亿 m^3，与同时段《海河流域水资源公报》公布的水资源可利用量的 194.2 亿 m^3 相比，大 135.4 亿 m^3。如果扣除 ACW 中包含的作物消耗的降水量 195.6 亿 m^3，ACW 仅为 134 亿 m^3，比水资源可利用量小 60.2 亿 m^3。比较 ACW 与海河流域人类活动实际耗水量，海河流域地下水亏缺量为 54.7 亿 m^3。在人类活动实际耗水量中，农田耗水量占总耗水量的 87%，居住地人工植被与水体耗水量占总耗水量的 8%，工业耗水量占 5%。

4.3　流域灌溉特征与分析

长期以来农业用水的量化依赖于统计数据，而统计数据难以真实有效地反映其时空的变化。而农业部门是用水大户，在海河流域，农业用水占总用水量的 70% 以上。因此如何精确地估算农业用水量是水文循环中的关键过程。本研究利用遥感估算的 ET，搭建了灌溉水的反演模型，估算了整个流域灌水量的时空分布；并利用作物模型，估算了不同作物的耗水量年际、季节和空间上的变化；分析了造成海河流域灌溉量时空分布差异的驱动因素。

4.3.1　海河平原灌溉需水量的时空分布特征

Yang 等（2014）基于 ETwatch 方法估算的蒸散发结果，根据土壤水分平衡原理，探索了由区域蒸散发量估算农田灌溉需水量的方法，具体方法见图 4.2。图中 SW_0、SW_c、SW_w 和 SW_h 分别为土壤初始含水量（mm^3/mm^3）、田间持水量（mm^3/mm^3）、萎蔫系数（mm^3/mm^3）和有效含水量（mm）；h 为土层厚度（mm）（模型中设为 800mm）；下标 i 表示第 i 天；SW_i 为土壤含水量（mm）；ET_i 为蒸散发量（mm）；P_i 为降水量（mm）；由于华北平原地势较平坦，假设地表径流为零，故公式中忽略了地表径流项。Dr_{i+1} 为土壤渗漏量（mm）；RIA_{i+1} 为灌溉需水量（mm）。

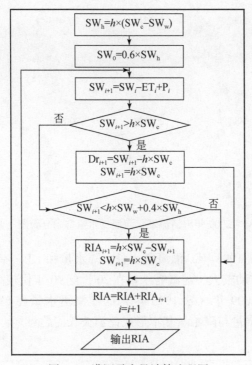

图 4.2　灌溉需水量计算流程图

1985～2009 年（缺 1993 年）海河流域灌溉需水量时空分布变化如图 4.3 所示，结果表明：山前平原一带灌溉需水量较高，滨海及东部区域灌溉需水量较低，灌溉需水量由西向东呈现逐渐降低的趋势；山前平原区、中部平原、滨海区多年平均灌溉需水量分别为 282mm（36.1×10^{8}m^3）、238mm（37.2×10^{8}m^3）和 172mm（9.3×10^{8}m^3）。

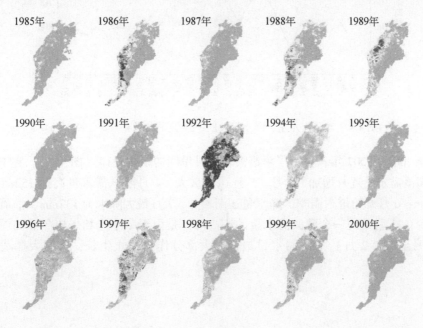

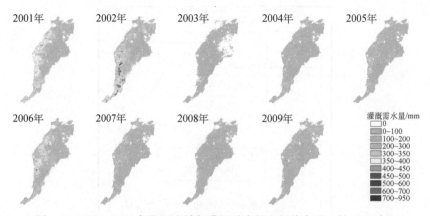

图 4.3　1985～2009 年海河流域年灌溉需水量空间分布图（缺 1993 年）

1984～2009 年（缺 1993 年）灌溉需水量、降水量和 ET 三者对比关系如图 4.4 所示。灌溉需水量年际波动较大，灌溉需水量在 20 世纪 90 年代较高，明显高于其他两个年代。研究区 1984～2009 年（缺 1993 年）的灌溉需水量在 89～347mm，降水量在 318～679mm，灌溉需水量与降水量基本形成此消彼长的趋势。

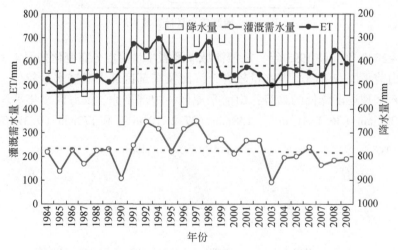

图 4.4　灌溉需水量、降水量、ET 三者之间的关系（缺 1993 年）

选择 2002～2007 年，分析了灌溉需水量月份间的变化规律（图 4.5）。春季进入生长季，灌溉需水量逐月增加，4 月、5 月达到最大，4 月灌溉需水量高达 152mm，5 月为 135mm；6 月开始进入雨季，降水量逐渐增加，7 月最大降水为 132mm，灌溉需水量逐月减少；11 月出现一个灌溉需水量的小高峰，是由于冬小麦和果树冬灌的原因；冬季（12 月至次年 2 月）灌溉需水量最低，大部分作物停止生长，只有大棚蔬菜需要灌水。

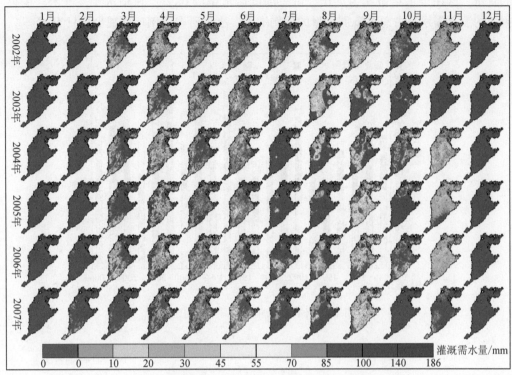

图 4.5　月灌溉需水量空间分布格局（2002～2007 年）

4.3.2　不同作物灌溉需水量的变化规律

以河北平原为研究区，Yang 等（2014）利用经过实验数据验证的 DSSAT-WHEAT、DSSAT-MAIZE、COTTON2K 等作物模型和蒸发皿系数法，以长期气象观测、统计数据为依托，模拟不同作物灌溉需水量，研究农业用水变化趋势及时空分布。其中冬小麦、夏玉米、棉花灌溉需水量用作物模型进行模拟，蔬菜和果树灌溉需水量采用蒸发皿系数法进行计算。灌溉需水量的计算方法：$RW=(ET-Rain)\times Area\times Irri\%$。式中，$RW$ 为灌溉需水量，ET 为蒸散发，$Rain$ 为降水量，$Area$ 为灌溉面积，$Irri\%$ 为有效灌溉率。

图 4.6 为 1986～2006 年 21 年间灌溉需水量的变化趋势，可以看出，灌溉需水量有增加的趋势，这不仅是由于总灌溉面积的增加，果树和蔬菜等耗水作物种植面积增加也是一个重要原因；其中最低、最高和平均年灌溉需水量分别为 $5.37\times10^9\,\mathrm{m}^3$（1990年）、$16.56\times10^9\,\mathrm{m}^3$（2001 年）和 $10.84\times10^9\,\mathrm{m}^3$；21 年间，小麦、果树、蔬菜、玉米和棉花的年灌溉需水量分布区间分别为 $2.67\times10^9\sim6.56\times10^9\,\mathrm{m}^3$、$0.60\times10^9\sim2.62\times10^9\,\mathrm{m}^3$、$0.20\times10^9\sim4.23\times10^9\,\mathrm{m}^3$、$0.17\times10^9\sim3.51\times10^9\,\mathrm{m}^3$ 和 $0.17\times10^9\sim1.60\times10^9\,\mathrm{m}^3$，与之对应的年均灌溉需水量分别为 $4.82\times10^9\,\mathrm{m}^3$、$1.47\times10^9\,\mathrm{m}^3$、$1.38\times10^9\,\mathrm{m}^3$、$1.34\times10^9\,\mathrm{m}^3$ 和 $0.89\times10^9\,\mathrm{m}^3$，占总灌溉需水量的比例分别为 44%、14%、13%、12% 和 8%（图 4.7）；小麦的灌溉需水量最大，主要是因为小麦较长的生长季（250 天），且全部处于降水少

的月份, 这在丰水年份尤为突出, 占总灌溉需水量的 68%; 在枯水年, 玉米、蔬菜、果树的灌溉需水量占总灌溉需水量的比例增大, 小麦所占比例反而减少, 只为 34%。

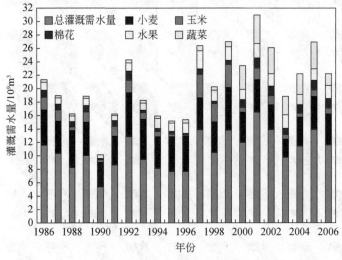

图 4.6　不同作物年灌溉需水量的比较

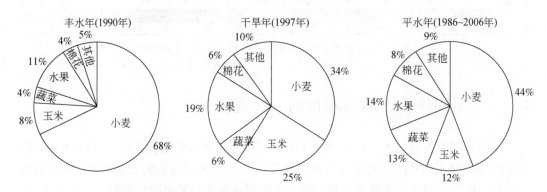

图 4.7　丰水年、枯水年及平水年不同作物灌溉需水量所占比例

1986~2006 年不同作物月平均灌溉需水量如图 4.8 所示, 可以看出, 3~5 月的灌溉需水量稳步上升, 在 5 月达到最大, 为 $2.55 \times 10^9 m^3$ (占年均灌溉需水量的 25.4%); 灌溉需水量在湿润多雨季节 (6~9 月) 逐步下降, 冬季 (11 月至次年 2 月) 灌溉需水量最低。小麦是灌溉需水量最多的作物, 4 月、5 月灌溉需水量最高, 分别达到月总灌溉需水量的 61.7% 和 63.7%。6 月, 水果和小麦的灌溉需水量最高, 分别为月总灌溉需水量的 28.7% 和 23.5%; 7~9 月, 玉米和棉花的灌溉需水量最大, 占总灌溉需水量的 80%; 11 月至次年 2 月, 大棚蔬菜和冬小麦是冬季主要耗水作物。

4.3.3　灌溉需水量时空变化的驱动因素分析

马林等 (2011) 以河北平原作为研究区域, 利用 SPSS for Windows 统计软件中多元

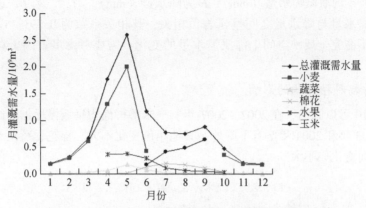

图 4.8　1986~2006 年不同作物月平均灌溉需水量变化

回归的方法，分析灌溉需水量（2002~2007 年）和降水量及种植结构的相关关系，确定研究区灌溉需水量时空分布的驱动因素。其中分县的各种作物的种植面积、有效灌溉面积等均来自历年《河北省农村统计年鉴》。

1）降水的影响

2002~2007 年年均降水量为 338~596mm，其中 2002 年为 6 年中降水最少的年份，年均降水量仅为 338mm，灌溉需水量高达 304mm；2003 年年均降水量为 596mm，为降水量最多的年份，灌溉需水量仅为 178mm。蒸散发量在 597~651mm，各年间基本持平，并没有显著性的变化。灌溉需水量与降水量形成此消彼长的趋势。在空间上，灌溉需水量与蒸散发量变化趋势一致（图 4.9）。灌溉需水量与降水量变化趋势有一定差异性，在赵县、宁晋县、柏乡县、任县、南和县灌溉需水量最多，降水量并不是最少；临漳县、魏县、大名县灌溉需水量较多，降水量最多。降水量与灌溉需水量之间线性相关关系如下：

$$RIA = 455.08 - 0.45P \tag{4.2}$$

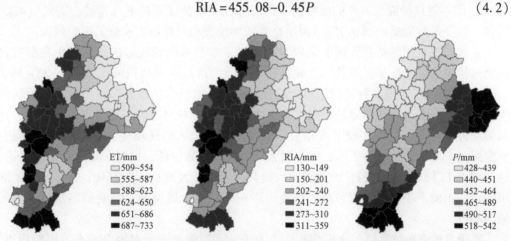

图 4.9　2002~2007 年多年平均蒸散发量（ET）、灌溉需水量（RIA）和降水量（P）

式中，RIA 为年均灌溉需水量（mm）；P 为降水量（mm）。对式（4.2）进行 $F_{0.01}$ 检验表明，灌溉需水量与降水量之间呈显著负相关，其相关系数为 0.591。以上分析也表明，降水量不能完全反映空间上灌溉需水量的变化，需要考虑多重因子对灌溉需水量的影响。

2）农作物种植结构的影响

由图 4.10 可以看出，在 2002～2007 年，玉米播种面积呈缓慢增加的趋势，小麦播种面积除 2003 年和 2004 年略有下降外，其他年份变化不大。棉花、蔬菜和大豆的播种面积在此期间变化亦不大。

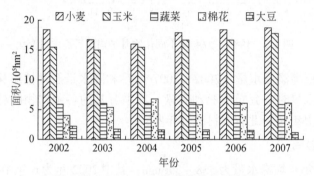

图 4.10　2002～2007 年作物种植面积图

小麦种植面积较多的县集中在太行山山前平原区，其中太行山沿线无极县、晋州市、宁晋县、柏乡县、任县、南和县、平乡县、广平县、魏县和大名县小麦播种面积占农作物总播种面积的 43%～47%。这与历年来灌溉需水量较多的县吻合较好。通过对 2002～2007 年小麦种植面积、降水量、灌溉需水量进行多元回归得到如下方程：

$$RIA = 327.116 - 0.442P + 238.5W \qquad (4.3)$$

式中，RIA 为年均灌溉需水量（mm）；P 为降水量（mm）；W 为小麦种植面积比例（%），即小麦播种面积占总的播种面积的百分比。该公式通过 $F_{0.01}$ 检验，与式（4.2）比较，相关系数骤然增到 0.751，说明小麦的种植面积对灌溉需水量的影响较大。

玉米与棉花的种植在区域上呈现互补性，玉米种植面积较多的县多集中在研究区的北部榕城县、安新县、雄县、大城县和泊头市，占总播种面积的比例在 42%～48%（图 4.10）。相反，玉米种植面积较少的县即棉花种植较多的地方多集中在邢台地区的南宫市、广宗县、威县和邱县（45%～61%），这些区域对应的年灌溉需水量较少，这与棉花种植区一年一作比较节水相关；蔬菜种植面积大的区域多分布在大城市周边；研究区的东北部主要种植玉米、棉花和大豆，复种指数较低，说明一年一作比较普遍，这与图 4.11 灌溉需水量较低的黄骅市、沧县、青县、大城县、文安县、任丘市及河间市吻合；山前平原区复种指数高，小麦玉米一年二作比较普遍，与灌溉需水量高值区域相吻合。

鉴于自然降水对灌溉需水影响较大，为进一步明晰各因子对灌溉需水的影响程度，将研究期内各年度分为降水较少的 2002 年和 2006 年（RIA$_1$）类、正常降水的 2003 年、2004 年、2005 年、2007 年（RIA$_2$）类和所有年型即 2002～2007 年（RIA$_3$）类，对灌

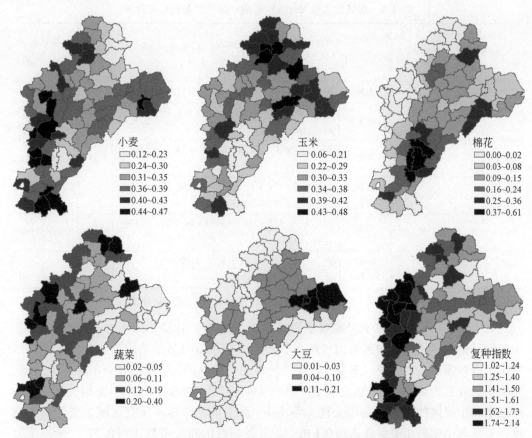

图 4.11 各县作物种植面积占总种植面积的比例及复种指数分布图

灌需水量，小麦、玉米、大豆、棉花、蔬菜、油料作物、水稻种植面积及降水量各因子的影响（由于复种指数受当地热量、土壤、水利、肥料、劳力和科学技术水平等条件的综合影响且复种指数是由农作物种植面积加和得到的，故未引入回归方程）进行逐步回归。

逐步回归结果表明（表4.4），在正常年份，小麦和蔬菜的种植面积对灌溉需水量都是极显著的正相关关系，而棉花、大豆、玉米种植面积和降水量呈负相关关系，表明小麦和蔬菜是灌溉需水较多的作物，对灌溉需水影响明显，而其他大部分作物由于为一年一作，灌溉需水量明显减少。玉米与灌溉需水呈负相关，一方面可能是因为它本身与小麦种植面积重合较多，另一方面是在东部平原地区有一定的一年一作玉米。在少雨年份，各因素对灌溉需水的影响与正常年份基本一致，但棉花与灌溉需水量关系不显著，这可能与少雨年份棉花需要的灌溉需水量也比较大有关。各驱动因子对灌溉需水量的贡献率（标准系数）在不同年份有所不同。从降水正常年份（RIA_2）的回归方程标准系数来看，各因子对灌溉需水量的贡献率从大到小依次为小麦种植面积、棉花种植面积、降水量、玉米种植面积、大豆种植面积、蔬菜种植面积。而在少雨年份，贡献率从大到小依次为小麦种植面积、降水量、大豆种植面积、玉米种植面积。

表4.4　灌溉需水量（RIA）与驱动因子的多元回归关系

因变量及入选因子		回归方程及因子标准系数	调整的决定系数	显著性	样本数
IR$_1$（W、P、S、M、V）	方程	RIA$_1$ = 390W − 0.50P − 561S − 123M + 79V + 353	0.637	0.000	156
	标准系数	W = 0.752　P：− 0.429　S：− 0.311　M：− 0.231　V：0.164			
IR$_2$（W、P、V、C、S、M）	方程	RIA$_2$ = 190W − 0.28P + 35V − 147C − 376S − 115M + 347	0.517	0.000	312
	标准系数	W = 0.479　P：− 0.368　V：0.079　C：− 0.369　S：−0.203　M：− 0.248			
IR$_3$（P、W、S、V、M、C）	方程	RIA$_3$ = − 0.43P + 260W − 417S + 44.528V − 139M − 109C + 401	0.630	0.000	468
	标准系数	P：− 0.555　W：0.506　S：− 0.191　V：− 0.082　M：− 0.240　C：− 0.215			

注：驱动因子W、V、S、M、C、P分别表示小麦、蔬菜、大豆、玉米、棉花的种植面积和降水量

　　表4.5显示各驱动因子单独对灌溉需水量的影响，以及各因子之间的相关关系，大豆的种植减少了棉花和蔬菜的种植面积，灌溉需水量与各驱动因素的相关关系可以看出，灌溉需水量和小麦、玉米、蔬菜的种植面积和复种指数呈极显著的正相关关系，相关系数分别为0.482、0.261、0.237和0.434。灌溉需水量和玉米呈正相关关系是由于玉米和小麦播种面积的高相关性。冬小麦-夏玉米轮作是本研究区域主要的种植制度，玉米与小麦的相关系数达到0.616，与复种指数的相关系数达到0.772。所以灌溉需水量和玉米的相关性更多体现出复种指数的增加对灌溉需水量的影响。而在多元回归的情况下玉米对灌溉需水量的贡献为负值（表4.5）。大豆和棉花的种植面积和灌溉需水量的相关系数为负值，分别为−0.162和−0.348，且达到极显著的水平。大豆和棉花为秋收作物，主要的生长季节在雨季，灌溉需水量较小。另外，大豆和棉花面积的增加会相应减少高耗水作物小麦和蔬菜的种植面积，所以大豆和棉花的种植面积与灌溉需水量呈负相关关系。这一结论在图4.10和图4.12中得到印证，除降水特别少的年份外，种植棉花较多的南宫市、广宗县、威县和邱县四个县的灌溉需水量较小。

表4.5　灌溉需水量与各种作物种植面积及复种指数的相关分析

	小麦	玉米	大豆	棉花	蔬菜	复种指数	灌溉需水量
小麦	1						
玉米	0.616**	1					
大豆	−0.002	0.048	1				
棉花	−0.463**	−0.658**	−0.273**	1			
蔬菜	0.081	0.134**	−0.159**	−0.331**	1		
复种指数	0.772**	0.560**	−0.071	−0.431**	0.545**	1	
灌溉需水量	0.482**	0.261**	−0.162**	−0.348**	0.237**	0.434**	1

　　**代表达到0.01极显著水平

4.4　水分生产率分析

蒸散发及产量的输入所代表的空间尺度决定了水分生产率（CWP）的尺度，可以是作物、田间，也可以是区域尺度。本书着重介绍流域范围内作物和区域尺度的研究分析结果，为流域开展"提高水分生产率"的节水农业发展规划和节水评价提供支撑。

4.4.1　作物群体水分生产率分析

中国科学院栾城农业生态系统试验站位于太行山山前平原，多年平均降水量为481mm，属于温带半湿润半干旱气候，实验站长期以来以流域最主要的冬小麦和夏玉米轮作模式为主，长期开展作物水热碳通量的田间试验研究，为探索中国北方可持续农业生态系统管理和现代化农业建设的理论体系和实体模式提供支撑。

在中国科学院栾城农业生态系统试验站，张玉翠等（2010）利用 2007 年 10 月 15 日～2008 年 6 月 16 日的涡动相关观测数据，得到日累积的潜热通量和 CO_2 通量数据，通过计算 CO_2 通量和潜热通量两个数据的比值得到作物群体尺度的水分生产率（WUE），日过程线如图 4.12 所示。

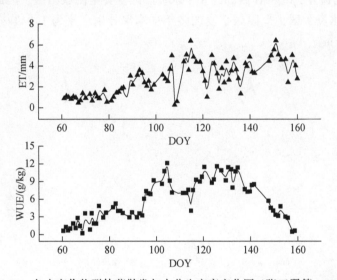

图 4.12　冬小麦作物群体蒸散发与水分生产率变化图（张玉翠等，2010）

冬小麦生育期内群体水分生产率呈先增加后逐步递减的变化过程，灌浆成熟期以前，水分生产率与蒸散的变化趋势一致，返青拔节前期较低（1～4g/kg），拔节后期到灌浆前期水分生产率大部分在 8～12g/kg，灌浆后期到成熟期 ET 仍然保持较高的水平，但是由于生物量累积速率下降，水分利用率迅速下降到 2～5g/kg。

作物冠层水分生产率生育期日变化的研究对于开展节水高产作物品种的研究及调亏灌溉等科学农业节水管理措施研究有重要的指导意义。本节介绍作物群体水分生产率，其计算采用蒸散发而非蒸腾,在后续作物尺度水热碳通量的转化关系研究中还需要关注作物蒸腾对生物量累积的影响,这也是田间尺度的节水增产技术研究的理论依据。

4.4.2 区域作物水分生产率分析

区域尺度下垫面的差异及田间管理措施水平等的差异,使得简单地依赖站点实验数据代表某个区域进行外推得到区域作物水分生产率的方法,存在较大的不确定性。冬小麦需水的高峰期恰好是海河流域的枯水期,其正常生长依赖于灌溉,是海河流域农业灌溉用水消耗最主要的作物,本书利用遥感反演的蒸散发和生物量数据产品,借助于遥感数据在空间表达方面的优势,着重分析冬小麦的水分生产率时空特征,更清晰地理解田间尺度和区域尺度水分生产率的差异,对于流域农业灌溉节水有重要指导意义。

1) 平原区冬小麦水分生产率

Yan 和 Wu (2014) 利用 ETWatch 生产的月尺度 ET 数据与 CASA 作物模型估算的生物量,基于收获指数为常数,结合冬小麦作物分布掩膜,得到了 2003~2009 年流域平原区冬小麦的水分生产率 (图 4.13),图中矢量边界为 15 个水资源功能三级分区(水资源区)的边界,北部和西部的 8 个水资源区主要是流域山区,因此分析区域范围为平原的 7 个水资源区,平原区小麦的多年平均水分生产率为 1.049kg/m³,变化范围为 0.1~1.6kg/m³。

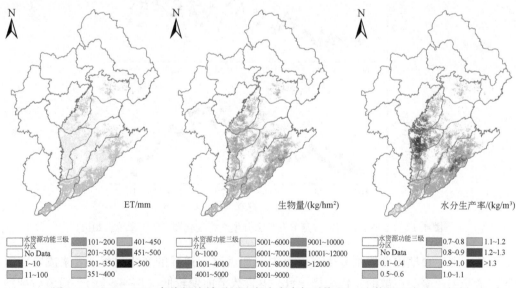

图 4.13　2003~2009 年海河流域平原区冬小麦多年平均 ET、生物量和水分生产率

流域冬小麦水分生产率空间分布差异显著,水分生产率高值区集中在洪泛区和黄河灌区,该区域对应较低的蒸散发和高的干物质量水平。在东部地区水分生产率较低,对应较高的蒸散发和中等偏上水平的干物质量。漳卫河平原区境内很多地区生物量

（7000～9000kg/hm²）高于子牙河平原地区生物量（7000～8000kg/hm²），但是水资源消耗量较大，相对较低的 ET 使漳卫河平原区水分生产率较低，说明子牙河平原比漳卫河平原具有更加有效的水管理。同样，北四河下游平原比大清河淀西平原消耗水量要大，但却具有相同水平的生物量（7000～8000kg/hm²），故北四河下游平原的水分生产率较低。

以县为单位，将县内所有像元水分生产率的平均值作为县值，统计得到海河流域县的平均作物水分生产率。较高水分生产率的县主要分布于太行山附近，此外还包括栾城县、赵县、宁晋。这些县的平均水分生产率为 1.14kg/m³。较低水分生产率的县集中在平原中部的海岸带和和西南部，包括丰润、武清、并州、沧州、新乡等地，前三个县的水分生产率低于 0.78kg/m³，其他两个也低于 1.0kg/m³。

2）冬小麦产量、作物水分生产率和 ET 的关系

利用 2003～2009 年多年平均的冬小麦 ET、产量和水分生产率数据从空间上分析同一时期三者间的关系。按照 ET 的 5mm 等间距划分，分别计算得到相应区间的平均产量和水分生产率。然后，根据等间距 ET 统计对应的像元数（面积），按平原总像元个数（总面积）的 10% 进行分割，得到冬小麦累积 ET 和产量占总 ET 和产量的百分比（图4.14）。对于小麦种植区，总体上累积 ET 与累积产量间显著线性相关（$R=0.96$）。水分生产率却相对稳定，在 0.95～1.08 变动。从区域尺度来看，冬小麦蒸散发与产量水平增加幅度相当，两者相对一致的变化规律和变化幅度是水分生产率空间上差异不大的一个重要原因。Kang 等（2002）和 Li 等（2008）通过对水分、产量和水分生产率之间关系的研究，发现在 ET 达到 460～463mm 之前，产量呈线性增长的趋势，之后产量变化趋于稳定。这些研究结果充分表明 ET 没有达到某一临界值之前，如果不考虑肥料投入的影响，水分消耗越多意味着产量越高，同时，水分消耗减少会导致产量的损失。2003～2009 年，"在相同产量条件下减少无效蒸发，提高水分生产率"的农艺措施在区域尺度上的实施效果不明显。

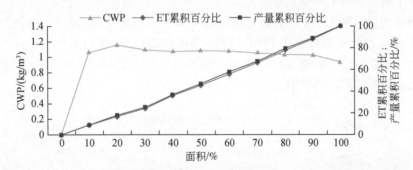

图4.14　平均 CWP 和 ET 累积百分比、产量累积百分比（Yan and Wu, 2014）

本研究收集了 1984～2002 年 8 个农业气象站的冬小麦产量数据，基于遥感反演的 ET 数据，采用线性趋势分析方法分析了同一地点不同时期 ET、产量和水分生产率间的关系。各个站点 ET 和产量变化趋势的分析结果如表4.6所示，所有站点的冬小麦产量 1984 年以来呈显著增加的趋势，斜率变化范围为 100.4～211.4kg/hm²，产量线性回归

方程的决定系数 R^2 为 $0.60 \sim 0.97$，所有站点均通过了 95% 的置信度检验。ET 变化趋势均没有通过显著性检验，而水分生产率总体呈增加的趋势，有 4 个站点线性回归方程通过了 95% 置信度检验，水分生产率的变化趋势存在明显的空间差异。

表 4.6　农气站点 ET 和产量关系

站点	产量线性回归方程	ET 线性回归方程	CWP 线性回归方程
宝坻	$y=158.2x+2910$（$R^2=0.60$）*	$y=1.65x+210$（$R^2=0.11$）	$y=0.06x+1.39$（$R^2=0.53$）*
涿州	$y=211.4x+1915$（$R^2=0.97$）*	$y=1.32x+205$（$R^2=0.12$）	$y=0.09x+0.98$（$R^2=0.89$）*
栾城	$y=155.1x+4421$（$R^2=0.88$）*	$y=2.93x+275$（$R^2=0.13$）	$y=0.04x+1.61$（$R^2=0.44$）
肥乡	$y=141.8x+3016$（$R^2=0.83$）*	$y=4.49x+239$（$R^2=0.24$）	$y=0.03x+1.31$（$R^2=0.31$）
馆陶	$y=112.2x+3374$（$R^2=0.77$）*	$y=3.12x+238$（$R^2=0.24$）	$y=0.02x+1.44$（$R^2=0.23$）
成安	$y=114.8x+3695$（$R^2=0.81$）*	$y=0.09x+115$（$R^2=0.00$）	$y=0.05x+1.30$（$R^2=0.48$）*
安阳	$y=100.4x+3085$（$R^2=0.89$）*	$y=4.4x+265$（$R^2=0.26$）	$y=0.02x+1.18$（$R^2=0.16$）
新乡	$y=184.5x+2322$（$R^2=0.90$）*	$y=1.98x+230$（$R^2=0.11$）	$y=0.06x+1.05$（$R^2=0.64$）*

* 表示通过 95% 的置信度检验

以涿州站和栾城站为例，ET 和产量年际变化过程如图 4.15 所示，涿州站自 1984 年以来产量增加幅度最大，每年产量以 $211.4\,kg/hm^2$ 的速率增加，ET 在 220mm 上下波动，水分生产率年变化斜率为 $0.09\,kg/m^3$；栾城站每年产量增加幅度为 $155.1\,kg/hm^2$，ET 在 304mm 上下波动，而水分生产率年变化斜率为 $0.04\,kg/m^3$。比较两个站点，涿州站产量较栾城站产量较低，尤其是 20 世纪 80 年代初期，产量不足同期栾城站的一半，尽管 2002 年产量依旧低于栾城站，但是两个站点产量差距明显减少，这也是涿州站产量增加速率最大的一个重要原因。相应地，涿州站作物耗水量比栾城站偏低，两个站点耗水量的变化均呈波动型变化，相对平稳。从时间过程线来看随着产量水平的提高，尤其是 2000 年以来各个站点产量的差异明显小于 80 年代和 90 年代初，这也导致 2000 年以来各个站点水分生产率差异不大。

徐富安和赵炳梓（2001）的研究成果与本书研究结果类似，海河流域封丘县的粮食（冬玉米）水分利用效率在 $1949 \sim 1996$ 年从 $0.23\,kg/m^3$ 增加到 $0.90\,kg/m^3$，粮食产量从 20 世纪 50 年代以来增加了 5.98 倍，而耗水仅增加了 28.3%。产量增加的主要原因是氮肥和磷肥的用量的增加。

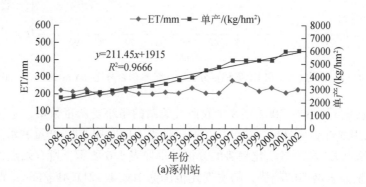

(a)涿州站

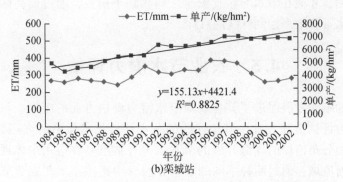

图 4.15　1984～2002 年农业气象站的冬小麦 ET 和产量变化

综上所述，从空间和时间尺度的分析来看，冬小麦产量的提高是 1984～2002 年流域平原区冬小麦水分生产率得到显著改善的根本原因，以灌溉效率显著提高的节水灌溉工程措施对作物耗水量的减少作用较小。

4.4.3　水分生产率提高的意义和对策

海河流域是我国粮食和经济作物的主产区和重要的商品粮基地。粮食总产量约占全国粮食总产量的 10%，其中玉米占 20%，小麦占 16%。随着经济社会的快速发展，工业、生活等行业的需水量将持续增加，对水资源的竞争将使得农业能分配到的水资源量减少。农业作为耗水大户，仍然是水资源使用量控制削减的主要对象，但是控制水量使用的同时又要保障粮食安全供给问题，因此提高水分生产率将是实现流域水资源效率控制红线达标的一个重要方面。

"以尽可能少的水生产更多的粮食"是高效节水农业发展的目标，通过作物和区域尺度作物水分生产率的分析，总结以下三点有关水分生产率发展的对策及建议。

（1）作物群体尺度作物水分生产率的研究还需要继续深入，对作物本身的水热碳通量研究，远比分析单个要素（如蒸散发减少）的意义重大，为发展节水高产品种理论研究的数据支撑，也为秸秆覆膜、调亏灌溉、种植结构调整等农田节水措施实施效果提供依据。

（2）区域尺度作物水分生产率不仅受到作物品种的影响，更受到农业技术水平、环境和人类活动的影响。现阶段，区域尺度蒸散发与产量关系仍然处于线性增长的趋势，发展"以不牺牲粮食为代价的耗水量减少"的农艺节水措施作为区域节水措施推广的主要手段。

（3）通过分析发现 1984～2002 年流域平原区冬小麦水分生产率得到显著改善的根本原因是产量的提高，间接表明了 1984～2002 年节水灌溉工程技术的实施对于提高区域水分生产率的效果并不显著。这些措施提高了灌溉水供应保证率和增加了农民的信心，只要节约的这部分取水量在区域水系统内被再消耗，区域水分生产率就不会提高。田间尺度的研究成果应用于区域尺度的水分生产率分析时必须要考虑区域的可消耗水资源的总量限制，才能在节水与粮食安全之间找到平衡点，通过提高区域整体水分生产率实现流域水资源效率控制红线的目标。

4.5 农业节水潜力评估

遥感技术的不断发展促进了其在农业节水潜力评估方面的应用。与基于水量平衡模型的节水潜力评估方法相比，基于遥感的节水评价技术体系研究还处于初级阶段，但是利用其空间分布格局的优势开展的节水潜力评估已经在应用中体现出其优势。本节主要围绕海河流域，通过两种不同的分析方法介绍遥感技术在农业节水研究方面的应用潜力。

4.5.1 基于目标水分生产率的节水潜力评估

利用 2003～2007 年多年平均的农田年 ET 和生物量数据，计算得到流域的农田水分生产率。为了体现水分生产率的区域差异及其可比性，将地形地貌、水资源条件较为一致的水资源功能三级分区作为分析单元，以每个水资源区水分生产率 50% 和 70% 累积频率处的值作为节水规划短期和中长期目标，那么，低于该目标水分生产率的区域则视为可以节约的水量区域。

$$WS_c = \sum_{i=1}^{15} \frac{CY_c}{CWP_c} - \frac{CY_c}{CWP_{co}} \tag{4.4}$$

式中，i 表示第 i 个水资源功能三级分区；WS_c 为某一区域农田的农业节水潜力；CY_c 为某一区域农田总产量；CWP_c 为低于临界水分生产率区域的水分生产率；CWP_{co} 为某一区域农田区水分生产率目标值。

根据李发鹏等（2009）在海河流域范围内统计农业节水潜力的计算结果可知，如果以累积频率 50% 处水分生产率作为目标水分生产率，海河流域农业总节水量可达 35.15 亿 m³。如果以累积频率 70% 处水分生产率作为目标水分生产率，海河流域农业总节水量可达 58.06 亿 m³。对不同三级区间农业节水量进行比较可知（图 4.16），平原地区农业节水量总体高于山区农业节水量，海河南系（漳卫河、子牙河、黑龙港及运东平原）三级区的农业节水量高于海河北系（北三河、永定河、北四河、大清河淀西/淀东平原）三级区的农业节水量。就平原区而言，徒骇马颊河农业节水量最高，不同水分生产率改造目标下分别可达 6.40 亿 m³、11.54 亿 m³，大清河淀东平原农业节水量最低，分别为 2.74 亿 m³、4.45 亿 m³。就山区而言，永定河册田水库至三家店区间农业节水量最高，分别可达 1.94 亿 m³、2.96 亿 m³，大清河山区农业节水量最低，分别为 0.12 亿 m³、0.20 亿 m³。

4.5.2 基于遥感与地面试验结合的节水潜力评估

本节以海河流域为例，介绍遥感技术与地面观测实验结合的一种节水潜力评估方

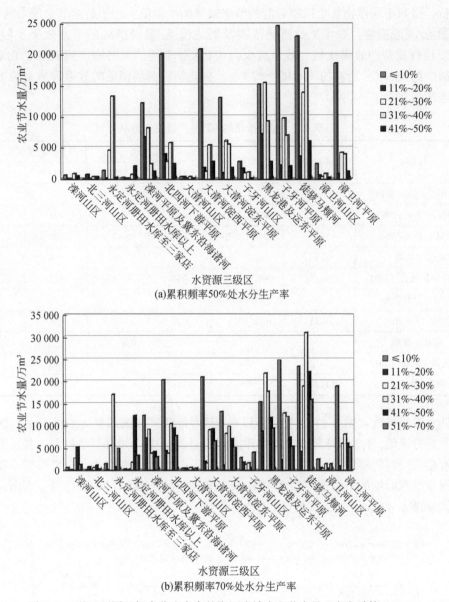

(a)累积频率50%处水分生产率

(b)累积频率70%处水分生产率

图4.16　基于不同目标水分生产率的海河流域农业节水量（李发鹏等，2010）

法，主要可以概括为几个步骤：首先收集各种节水措施的文献资料，尽量选取流域及周边农气条件相近的实验区的节水措施实施效果的试验数据，即对 ET 和产量均有定量描述的研究成果；其次总结归类各种可行的节水措施实施对应的 ET、产量和水分生产率变化量；最后在水资源消耗量总体控制下，利用实验的节水措施效果数据建立可行的情景方案，结合遥感解译的作物面积，以及已有措施实施面积，计算得到不同情景方案下的节水潜力。

1）主要节水措施效果

通过对覆盖/覆膜、调亏灌溉和种植结构调整等单项措施及综合措施实验数据的汇总分析，得到不同作物各个措施对应的节水效果的平均值，用于后续节水潜力的估算。

覆盖/覆膜措施：表4.7是流域范围及周边覆盖/覆膜措施的节水效果实验数据。冬小麦秸秆覆盖的效果比较一致，减少约3%水分消耗的同时增产约18%，而对于玉米，减少约4%水分消耗的同时增产约5%；棉花塑料薄膜覆盖的效果为节水约11%的同时增产约23%。

表4.7　覆盖措施的ET与产量变化信息

作物	试验区	年份	ET变化		产量变化	
			mm	%	kg/hm²	%
冬小麦，秸秆覆盖						
周凌云等（1996）	封丘	1992~1995	−15	−4	728	18
赵聚宝等（1996）	屯留	1988~1989	−8	−2	689	17
胡芬（1992）	商丘		−13	−3	764	20
王拴庄和徐淑贞（1991）	河北	1987~1990	−14	−4	813	17
玉米，秸秆覆盖						
王智平等（2001）	栾城	1992~1997	−14	−4	268	5
棉花，覆膜						
樊艳改和王利民（2010）	保定	2006	−51	−13	148	11
朱文珊和王坚（1996）	北京西郊	1999	−38	−8	286	35

调亏灌溉措施：图4.17为对小麦和玉米调亏灌溉实验的结果（Yan et al.，2015），采取非充分灌溉，ET的显著减少通常伴随着产量的减少。如果严格控制水量，合理减少耗水量的同时能够保持产量不变，甚至能实现产量的小幅增加。这里采用小麦和玉米高调亏灌溉时期的平均值（节水181mm，每公顷减产4.1t）和适当调亏灌溉时期的平均值（节水47mm，每公顷减产2.3t）。

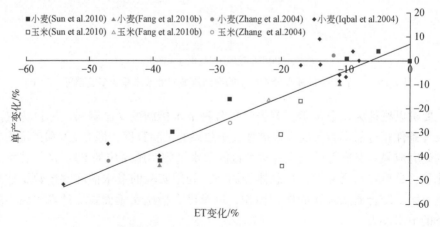

图4.17　调亏灌溉ET与产量变化信息（Yan et al.，2015）

种植结构调整措施：对种植结构调整的分析着重是更换小麦–玉米轮作方式。刘爽等（2007）对洛阳地区种植模式分析结果表明，采用一年一作（冬小麦）种植制度的耗水量，比冬小麦夏玉米一年两熟的耗水量平均少约53%（324mm），产量同时减少43%（3176kg/hm²）。刘明等（2008）在吴桥试验站的研究结果表明冬小麦夏玉米春玉米两年三熟制和春玉米一年一熟制，比冬小麦夏玉米一年两熟制的耗水量分别减少12%（79mm）和27%（179mm），同时产量分别减少23%（3327kg/hm²）和45%（6503kg/hm²）。

综合措施：多种节水措施结合，意味着某一项技术能够消除或减小另一项技术的缺陷。将多种节水措施结合用于整个流域并分析，就小麦而言，推测其将节水9%且增产19%，对于玉米而言则是6%和13%（表4.8）。

表4.8　综合措施的 ET 与产量变化信息

综合措施	实验区	年份	ET 变化		产量变化		备注
			mm	%	kg/hm²	%	
调亏灌溉/秸秆覆盖（冬小麦）	栾城	1997~2001	−28	−9	380	19	陈素英等（2004）
免耕/秸秆覆盖（玉米）	北京西郊	1986~1990	−25	−6	818	13	朱文珊和王坚（1996）
调亏灌溉/秸秆覆盖/其他（冬小麦）	栾城	2007~2009	−50	−10	81	1	刘晓敏等（2011）
调亏灌溉/秸秆覆盖/其他（玉米）			−52	−15	−432	−7	

注：其他包括小麦缩行、玉米匀株，以及作物播种和收获期调整

2）基于农艺节水措施的节水潜力

Wu 等（2013）利用 HJ-1A/B30m 分辨率的遥感数据作为样本数据，将 NDVI 和 EVI 时间序列数据用于作物分类的决策树指标，得到了华北平原 2010 年的作物分布结果，提取得到海河流域平原区各类作物的面积：冬小麦 $3.67\times10^6hm^2$、春玉米 $2.49\times10^6hm^2$、夏玉米 $2.73\times10^6hm^2$（其中 $1.92\times10^6hm^2$ 为小麦–玉米轮作区），以及棉花（$0.73\times10^6hm^2$）。利用海河流域 2003~2009 年 ET 和生物量数据集，小麦、玉米和棉花耗水量分别为 122 亿 m^3、166 亿 m^3 和 43 亿 m^3（总计为 331 亿 m^3），年平均产量分别为 1280t、2860t、140t。

根据 4.5.2 节对主要措施节水效果的分析，这里仅考虑产量不减少的措施，结合作物分布面积数据，计算得到海河流域两种节水增产技术的节水量（表4.9）。其中，覆盖/覆膜技术每年节水可达 16 亿 m^3，综合节水措施每年节水量可达 26 亿 m^3，采用覆盖技术能够产生显著的产量收益但节水相对较少，而采用综合节水措施能实现最大的节水效果和产量。

表 4.9　覆盖/覆膜和综合节水措施节水潜力

措施	作物类型	面积/hm²	影响/%		现状 ET		现状单产/(t/hm²)	现状产量/10⁶t	ΔET/10⁹m³	Δ产量/10⁶t
			ET	产量	mm	10⁹m³				
秸秆覆盖/覆膜	冬小麦	3670000	−3	18	333	12.2	3.5	12.8	0.4	2.3
	玉米	5220000	−4	5	319	16.6	5.5	28.6	0.7	1.4
	棉花	730000	−11	23	585	4.3	1.9	1.4	0.5	0.3
小计						33.1			1.6	
综合措施	冬小麦	3670000	−9	19	333	12.2	3.5	12.8	1.1	2.4
	玉米	5220000	−6	13	319	16.6	5.5	28.6	1.0	3.7
	棉花	730000	−11	23	585	4.3	1.9	1.4	0.5	0.3
小计									2.6	

上述两种措施实施节水的同时带来了显著的增产效果,如果假设产量维持不变,可以认为增加的那部分产量可以通过不种植作物实现其额外的节水。ET 减少量的计算公式如下:

$$\Delta ET = A_0 \times ET_0 - \left[A_0 \times \frac{(100 - \Delta Y)}{100} \times ET_0 \times \frac{(100 - \Delta ET)}{100} + A_0 \times \frac{\Delta Y}{100} \times ET_{nat} \right] \quad (4.5)$$

其中,ΔET 为节水措施导致的 ET 变化量;A_0 为采用节水措施前作物的面积;ET_0 为采用节水措施前的 ET;ΔY 为采用节水措施后产量增长率;ET_{nat} 为休耕地的 ET。根据式(4.5),在维持当前产量水平的同时允许按比例减少作物面积,冬小麦、玉米和棉花的节水量分别为 22 亿 m³、13 亿 m³ 和 7 亿 m³,因此,三种主要作物总的节水潜力为 41 亿 m³。

3) 基于调亏灌溉和种植结构调整的节水潜力评估

Wu 等(2014a)经过分析发现海河流域年平均过度耗水量为 62.5 亿 m³,目前农艺节水措施可达到的节水量只有 2/3,剩下的 21.5 亿 m³ 的缺口只能通过增加土地中的休耕地或者调亏灌溉来抵消,而这两种方法对产量的影响也不容忽视。利用实验站点对这两类措施的节水效果,Yan 等(2015)制订了 6 种情景方案,分析得出:21.5 亿 m³ 的耗水量缺口意味着必须牺牲 400 万～780 万 t 粮食产量才能实现,表 4.10 列出了这两种方法不同情景方案下对产量的影响。例如,如果冬小麦变为休耕地,其节水量为 188mm,该值通过冬小麦的实际 ET(333mm)和自然 ET(145mm)之差计算得到。为了减少 21.5 亿 m³ 耗水量,小麦需要减少的面积为 1143617hm²,相应需要减少的产量为 4.0×10⁶t。对于某些节水措施,其需要实施的面积超出了当前的作物种植面积,因此节水措施并不是一个能恢复可持续用水平衡的可行的方法。

表 4.10　调亏灌溉和种植结构调整措施情景分析

措施	ΔET/mm	需要面积/hm²	现状面积/hm²	可行性	Δ单产/t/ha	Δ产量/10⁶t
冬小麦-夏玉米高度缺水	−181	1189488	1920000	是	−4.1	−4.9
冬小麦-夏玉米中度缺水	−47	4602446	1920000	否	−2.3	
冬小麦休耕	−188	1144226	3670000	是	−3.5	−4.0

续表

措施	ΔET/mm	需要面积/hm²	现状面积/hm²	可行性	Δ 单产/t/ha	Δ 产量/10⁶ t
冬小麦-夏玉米休耕	−248	867796	1920000	是	−9.0	−7.8
冬小麦-夏玉米调整为冬小麦-夏玉米-春玉米	−79	2721519	1920000	否	−3.3	
冬小麦-夏玉米调整为春小麦	−179	1201117	1920000	是	−6.5	−7.8

4.5.3　流域农业节水的意义和对策

2011 年中央 1 号文件指出，通过"严格的水资源管理"来加快水利改革和发展，强调执行"三条红线"，这将有利于减少用水，恢复蓄水层和河流，并且增加每单位用水的产量。不同节水措施的分析及节水评价与中国近年来发布的政策声明紧密相关。

本节介绍了两种不同方法计算的水分生产率，基于目标水分生产率的节水效果评价方法计算简单，容易理解。然而这种方法指导意义较弱，达到目标水分生产率该采取什么样的节水措施成效较好？已经达到目标水分生产率的区域是否不需要节水？这些问题都不容易回答。基于遥感与地面试验结合的节水潜力评估方法，比较容易理解，但是地面试验数据的时效性和代表性仍然存在地面观测所不能避免的问题。两者从总体节水量分析上并不冲突，反而两者如何结合，建立比较完善的评价体系是未来开展节水评价研究工作的一个方向。根据 4.5.1 节和 4.5.2 节的研究成果，总结得到以下流域农业节水的对策。

（1）基于目标水分生产率的农业节水潜力表明，海河流域农业节水仍然存在一定的节水空间，特别是注意平原区零星低产田与面积较大的中产田区域。

（2）基于遥感与地面试验结合的节水潜力评估方法结果表明，通过有效的节水增产的农艺节水措施，能够在维持当前产量水平不变的同时达到 41 亿 m³ 的节水量，这意味着采用秸秆/覆膜及综合措施对于农民来讲是比较容易接受也易于推广的。

（3）流域节水农业发展的空间是有限的，不影响粮食供给，仅依靠农业节水是不可能实现流域地下水的采补平衡。流域目前过度消耗 62.5 亿 m³ 水量，节水增产的农艺节水措施的实施能节约的水量最大为 41 亿 m³，仍然存在 21.5 亿 m³ 的耗水量缺口，调亏灌溉、冬小麦退耕、作物种植结构调整等措施都可以补偿该缺口，但是必须牺牲400 万 ~ 780 万 t 粮食产量才能实现。通过情景分析发现最可行的推荐方式是冬小麦面积减少 1143617hm²，约占冬小麦种植面积的 31%。这种休耕的方式不仅影响区域粮食供给，产量损失对农民收入会有影响，因此，需要政府采取补贴等干预措施，从区域水分生产效益和粮食安全角度出发，提出合理的可行性措施。

参 考 文 献

陈素英, 张喜英, 胡春胜, 等. 2004. 河北平原高产粮田综合节水模式研究. 中国生态农业学报

12 (1)：148-151.

樊艳改, 王利民. 2010. 保定平原棉花地膜覆盖节水增产效应的研究. 水科学与工程技术, 3：26-28.

胡芬. 1992. 麦田秸秆覆盖的节水增产效应. 中国农业气象, 13 (6)：35-38.

李发鹏, 李黔湘, 王志良. 2009. 基于遥感水分生产率的海河流域农业节水潜力分析, 2008 年 GEF 海河流域水资源与水环境综合管理项目国际研讨会.

刘明, 陶洪斌, 王璞, 等. 2008. 华北平原水氮优化条件下不同种植制度的水分效应研究. 水土保持学报, 22 (2)：116-125.

刘爽, 武雪萍, 吴会军, 等. 2007. 休闲期不同耕作方式对洛阳冬小麦农田土壤水分的影响. 中国农业气象, 28 (3)：292-295.

刘晓敏, 张喜英, 王慧军. 2011. 太行山前平原区小麦玉米农艺节水技术集成模式综合评价. 19 (2)：421-428.

卢善龙, 吴炳方, 李发鹏, 等. 2010. 海河流域湿地格局变化分析. 遥感学报, 15 (2)：349-371.

马林, 杨艳敏, 杨永辉, 等. 2011. 华北平原灌溉需水量时空分布及驱动因素. 遥感学报, 15 (2)：324-339.

王拴庄, 徐淑贞. 1991. 农田秸秆覆盖节水效应及节水机理研究. 灌溉排水, 10 (4)：19-25.

王智平, 杨居荣, 胡春胜. 2001. 太行山前平原秸秆资源高效利用途径与技术措施. 资源科学, 23 (5)：67-72.

吴炳方, 熊隽, 闫娜娜, 等. 2008. 基于遥感的区域蒸散量监测方法——ETWatch. 水科学进展, 19 (5)：671-678.

夏军, 刘孟雨, 贾绍凤. 2004. 华北地区水资源及水安全问题的思考与研究, 19 (5)：550-560.

徐富安, 赵炳梓. 2001. 封丘地区粮食生产水分利用效率历史演变及其潜力分析. 土壤学报, 38 (4)：491-497.

张森, 吴炳方, 于名召, 等. 2015. 未种植耕地动态变化遥感识别——以阿根廷为例. 遥感学报, 19 (4)：550-559.

张玉翠, 沈彦俊, 裴宏伟, 等. 2010. 冬小麦生长季蒸散与水分利用效率变化特征. 南水北调与水利科技, 08 (5)：39-41.

赵聚宝, 梅旭荣, 薛军红, 等. 1996. 秸秆覆盖对旱地作物水分利用效率的影响. 中国农业科学, 29 (2)：59-66.

周凌云, 周刘宗, 徐梦雄. 1996. 农田秸秆覆盖节水效应研究. 生态农业研究, 4 (3)：49-52.

朱文珊, 王坚. 1996. 地表覆盖种植与节水增产. 水土保持研究, 3 (3)：141-145.

朱晓春, 王白陆, 王韶华, 等. 2009. 海河流域节水和高效用水战略. 天津：水利部海河水利委员会.

Balwinder-Singh, Eberbach P L, Humphreys E, et al. 2011. The effect of rice straw mulch on evapotranspiration, transpiration and soil evaporation of irrigated wheat in Punjab, India. Agricultural Water Management, 98 (12)：1847-1855.

Cao G L, Zheng C, Scanlon B R, et al. 2013. Use of flow modeling to assess sustainability of groundwater resources in the North China Plain. Water Resoures Research. , 49 (1)：159-175.

Famiglietti J S. 2014. The global groundwater crisis. Nature Climate Change, 4 (11)：945-948.

Fang Q X, Ma L, Yu Q, et al. 2010. Irrigation strategies to improve the water use efficiency of wheat-maize double cropping systems in North China Plain. Agricultural Water Management. 97, 1165-1174.

Foster S, Garduno H, Evans R, et al. 2004. Quaternary aquifer of the North China Plain-Assessing and achieving groundwater resource sustainability. Hydrogeology Journal, 12 (1)：81-93.

Howell T A. 1990. Grain, dry matter yield relationships for winter wheat and grain sorghum-southern high plains. Agronomy Journal, 82 (5) : 914-918.

Huffman G J. 2010. The TRMM Multi- Satellite Precipitation Analysis (TMPA). Springer Netherlands, 186 (2): 3-22.

Huffman G J, Bolvin D T, NelkinE J, et al. 2007. The TRMM multisatellite precipitation analysis (TMPA): Qoes- global, multiyear, combined-sensor precipitation estimates at fine scales. Journal of Hydometerology, 8 (1) 38-55.

Iqbal M A, Shen Y, Stricevic R, et al. 2014. Evaluation of the AQUACROP model for winter wheat on the North China Plain under deficit irrigation to regional yield simulation. Agricultural Water Management. 135, 61-72.

Jia Z Z, Liu S, Xu Z, et al. 2012. Validation of remotely sensed evapotranspiration over the Hai River Basin, China. Journal of Geophysical Research Atmospheres, 117 (D13): 13113.

Kang S Z, Zhang L, Liang Y L, et al. 2002. Effects of limited irrigation on yield and water use efficiency of winter wheat in the Loess Plateau of China. Agricultural Water Management, 55 (3): 203-216.

Kendy E, Zhang Y, Liu C M, et al. 2004. Groundwater recharge from irrigated cropland in the North China Plain: case study of Luancheng County, Hebei Province, 1949-2000. Hydrological Processes, 18 (12): 2289-2302.

Li H J, Zheng L, Lei Y P, et al. 2008. Estimation of water consumption and crop water productivity of winter wheat in North China Plain using remote sensing technology. Agricultural Water Management, 95 (11): 1271-1278.

Muhammad J M C, Bastiaanssen W G M. 2012. Local calibration of remotely sensed rainfall from the TRMM satellite for different periods and spatial scales in the Indus Basin. International Journal of Remote Sensing, 33 (8): 2603-2627.

Roberts D A. 1998. Mapping chaparral in the Santa Monica Mountains using multiple endmember spectral mixture models. Remote Sensing of Environmen, 65 (3): 267-279.

Sun Y H, Shen Y J, Yu Q, et al. 2010. Effect of precipitation change on water balance and WUE of the winter wheat-summer maize rotation in the North China Plain. Agricultural Water Management. 97, 1139-1145.

Wang H, Wu B F, Li X S, et al. 2011. Extraction of impervious surface in Hai Basin using remote sensing. Journal of Remote Sensing, 15 (2): 388-400.

Wu B F, Yan N N, Xiong J, et al. 2012. Validation of ETWatch using field measurements at diverse landscapes: A case study in Hai Basin of China. Journal of Hydrology, 436-437 (5): 67-80.

Wu B F, Zhang M, Zeng H, et al. 2013. New indicators for global crop monitoring in CropWatch-case study in North China Plain. In: 35th International symposium on Remote Sensing of Environment, Beijing, China, 22-26 April.

Wu B F, Yuan Q Z, Yan C Z, et al. 2014b. Land cover changes of china from 2000 to 2010. Quaternary Sciences, 34 (4): 723-731.

Wu B F, Jiang L P, Yan N N, et al. 2014a. Basin-wide evapotranspiration management: Concept and practical application in Hai Basin, China. Agricultural Water Management, 145 (145): 145-153.

Xu H Q. 2010. Analysis of impervious surface and its impact on urban heat environment using the Normalized Difference Impervious Surface Index (NDISI). Photogrammetric Engineering & Remote Sensing, 76 (5): 557-565.

Yan N N, Wu B F, Chris P, et al. 2015. Assessing potential water savings in agriculture on the Hai Basin plain, China. Agricultural Water Management, 154: 11-19.

Yan N N, Wu B F. 2014. Integrated spatial-temporal analysis of crop water productivity of winter wheat in Hai Basin. Agricultural Water Management, 133 (1): 24-33.

Yang Y M, Yang Y H, Moiwo J P, et al. 2010. Estimation of irrigation requirement for sustainable water resources reallocation in North China. Agricultural Water Management, 97 (11): 1711-1721.

Yang Y M, Yang Y H, Liu D L, et al. 2014. Regional water balance based on remotely sensed evapotranspiration and irrigation: An assessment of the Haihe Plain, China. Remote Sensing, 6 (3): 2514-2533.

Zhang M, Wu B F, Yu M, et al. 2015. Crop condition assessment with adjusted NDVI using the uncropped arable land ratio. Remote Sensing, 6 (6): 5774-5794.

Zhang Y Q, Kendy E, Yu Q, et al. 2004. Effect of soil water deficit on evapotranspiration, crop yield, and water use efficiency in the North China Plain. Agricultural Water Management. 64, 107-122.

Zheng D, Bastiaanssen W G M. 2013. First results from Version 7 TRMM 3B43 precipitation product in combination with a new downscaling-calibration procedure. Remote Sensing of Environment, 131 (131): 1-13.

第 5 章　水土流失监测与风险评估

5.1　水土流失风险遥感监测与评估

5.1.1　区域水土流失风险评估

水土流失风险是水土流失速率的定性化表达，其重点在于强调水土流失强度空间的强弱差异。从这个角度来说，区域尺度水土流失风险评估的方法至少应具有可适性强、不受人为因素干扰、区域尺度评估指标可获取的特点。通用土壤流失方程（universal soil loss equation，USLE）是所需变量最少的侵蚀模型之一，USLE 及其改进版本（RUSLE；Renard et al.，1997）已经被应用到世界范围内的不同空间尺度、不同环境和不同大小的区域（Jurgens and Fander，1993；Van der Knijff et al.，2000；Ma et al.，2003）。尽管 USLE 存在诸多的缺点和不足，如经验模型的外推性、应用尺度的差异性、水土流失过程考虑的有限性等，但是 USLE 以其相对简单及稳定性得到了广泛的应用，而且其所用因子具有明确的指示性、客观性及区域尺度可获取性的特点，因此该方法尤为适用于区域尺度上的水土流失风险评估。因此，借鉴 USLE 的因子选择、计算与综合方法，对海河流域 2000~2008 年的平均水土流失风险进行评估。

1）海河流域水土流失风险空间分布

海河流域水土流失控制因子及水土流失风险计算结果如图 5.1 所示。整个海河流域水土流失风险分为很低、低、中、高 4 个等级。为了更好地解释海河流域水土流失风险的空间分布，本研究将其与海河流域水资源三级区叠加进行分析。可以看出，水土流失风险的空间分布存在一条明显的分界线，即山区与平原之间的分界线。平原地区，包括北三河下游平原、大清河淀东平原、大清河淀西平原、子牙河平原、黑龙港及运东平原、漳卫河平原，水土流失风险等级均为很低。山区的水土流失风险则明显升高，水土流失等级从很低至高不等，但以很低、低、中为主，高水土流失风险有局部零星分布。总体来说，北三河山区的水土流失风险等级明显要低于其他几个山区，这在一定程度上表明了密云水库上游的治理效果较好。

为了对海河流域山区的水土流失风险的差异进行更好的分析，本研究对北三河山区、永定河册田水库以上、永定河册田水库至三家店、大清河山区、子牙河山区、漳卫河山区 6 个三级区的不同等级水土流失风险面积的分布进行了统计，结果如表 5.1 所示。从表 5.1 可以看出，水土流失风险高等级面积有一定分布，最高为漳卫河山区 426km²，接下来依次为子牙河山区 347km²、大清河山区 230km²、永定河册田水库至三

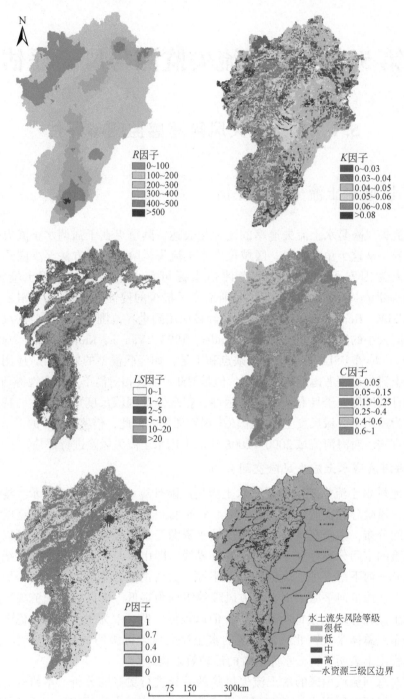

图 5.1　水土流失控制因子及水土流失风险计算结果

R 为降雨侵蚀力因子；K 为土壤可蚀性因子；L 为坡长因子；S 为坡度因子；

C 为植被覆盖与作物管理因子；P 为水土保持措施因子

家店 $217km^2$，而永定河册田水库以上及北三河山区级数相对较小，分别为 $59km^2$ 与 $28km^2$，这表明漳卫河山区、子牙河山区、大清河山区及永定河册田水库至三家店的水土流失风险高等级分布较多，未来应该予以重点治理。另外，从不同区域中等水土流失风险以上等级比例来讲，大清河山区的总体水土流失风险等级最高，比例高达 21.45%，低等级超过很低等级的面积为 $2519km^2$；子牙河山区、漳卫河山区次之，分别为 17.40% 与 16.05%；接下来为永定河册田水库至三家店与永定河册田水库以上区域，分别为 15.14% 与 12.49%，其中永定河册田水库以上区域水土流失风险更低；北三河山区总体水土流失风险等级最低，比例仅为 4.37%。总体来说，海河流域北三河山区水土流失风险最低，太行山区最高，永定河上游介于两者之间。

表 5.1　海河流域山区水土流失风险面积统计

水资源三级区（山区）	水土流失风险等级				
	很低/km²	低/km²	中/km²	高/km²	中级水土流失风险以上等级比例/%
北三河	14453	6568	932	28	4.37
大清河	6015	8534	3744	230	21.45
永定河册田水库以上	10449	4697	2102	59	12.49
永定河册田水库至三家店	14096	9042	3912	217	15.14
子牙河	13602	11750	4993	347	17.40
漳卫河	12725	9126	3750	426	16.05

2）海河流域水土流失风险空间差异分析

坡度直接影响径流的冲刷能力，是控制水土流失发生的重要因子。为分析海河流域水资源三级区的山区不同坡度的水土流失风险情况，本研究将坡度分为六级，分别为 $0°\sim5°$、$5°\sim8°$、$8°\sim15°$、$15°\sim25°$、$25°\sim35°$、$>35°$，然后与水土流失风险进行叠置分析，得到不用坡度带水土流失风险分布情况（表 5.2）。从表 5.2 可以看出，对于不同水土流失风险等级来说，水土流失风险很低等级主要分布在 $<5°$ 的坡度范围，中、高水土流失风险面积主要集中在 $8°\sim15°$ 与 $15°\sim25°$ 两个坡度带内，其面积比例约为所有中、高级水土流失风险面积的 65%；对于不同坡度带来说，高水土流失风险等级面积所占比例随坡度的增加而增加，从 0.09% 增加到 2.1%，这表明地形因素是导致高水土流失风险的重要因子。因此，未来海河流域水土流失治理应以坡度在 $8°\sim25°$ 的治理工作为主，同时应重点关注坡度较大地区的高水土流失风险地区。

表 5.2　不同坡度带水土流失风险面积统计　　　　（单位：km²）

坡度范围	很低	低	中	高
<5°	125951	9330	2192	124
5°~8°	7418	8368	2772	135
8°~15°	11749	15959	6928	405
15°~25°	9840	12056	5743	458

续表

坡度范围	很低	低	中	高
25°~35°	3345	3586	1538	164
>35°	433	600	297	29

分析水土流失风险与土地利用的关系,有助于发现并识别水土流失风险较高地土地利用类型,进而可为后期的水土保持治理提供参考。将水土流失风险土层与土地利用图层进行叠置分析,获取不同土地利用类型的水土流失风险分布信息(表5.3)。从表5.3可以看出,水田的水土流失风险以很低为主,比例可达98.5%;中、高水土流失风险主要存在于灌草地中,约占总的中、高水土流失风险面积的59.67%,而且值得注意的是灌草地的低水土流失风险面积比很低还要多,这表明灌草地整个土地类型易发生水土流失;其次为林地,约占17.96%,接下来分别为旱地和疏林地,分别占10.6%和9.6%。由此可知,灌草地水土流失风险等级最高,在未来的防治中应进行针对性治理。

表5.3　不同土地利用水土流失风险面积统计　　　　　　(单位:km²)

土地利用类型	很低	低	中	高
水田	526	7	1	0
旱地	87687	6746	2109	110
林地	11558	9550	3503	255
疏林地	4973	4684	1859	150
灌草地	25886	27488	11561	842
其他	28329	1518	491	46

3)结论

借鉴 USLE 的因子选择及综合方法,在遥感、地理信息系统的支撑下对海河流域的水土流失风险进行了评价,得到如下结论。

(1)从中等水土流失风险以上等级比例来讲,大清河山区的总体水土流失风险等级最高,比例为21.45%;子牙河山区、漳卫河山区次之,分别为17.40%与16.05%;接下来为永定河册田水库至三家店与永定河册田水库以上区域,分别为15.14%与12.49%,其中永定河册田水库以上区域水土流失风险等级更低;北三河山区总体水土流失风险等级最低,比例仅为4.37%。总体来说,海河流域北三河山区水土流失风险最低,太行山区最高,永定河上游介于两者之间。

(2)水土流失风险很低等级主要分布在<5°的坡度的平坦地区,中、高等级水土流失风险面积主要集中在8°~15°与15°~25°两个坡度带,其面积比例约为所有中、高等级水土流失风险面积的65%,且高等级水土流失风险面积所占比例随坡度的增加而增加。

(3)水田的水土流失风险以很低为主,比例可达98.5%;中、高等级水土流失风险主要存在于灌草地类型上,约占总中、高等级水土流失风险面积的59.67%,其次为林地，约占 17.96%，接下来分别为旱地和疏林地，分别占 10.6% 和 9.6%。由此可知，灌草地水土流失风险等级最高，在未来的防治中应进行针对性治理。

5.1.2 降水与植被的耦合关系对土壤侵蚀的影响分析

降水是引起土壤侵蚀的主要动力因素（章文波和付金生，2003），雨滴击溅和分离土壤颗粒及径流冲刷和转运导致土壤流失。然而并不是所有的降水事件都能引起土壤侵蚀，只有能够产生足够径流来搬运泥沙的降水才是侵蚀性的（Xie et al.，2002）。而植被是防止水土流失的积极因素，是影响水土流失最为活跃的因子（詹小国等，2001）。不适宜的土地利用和破坏地表植被，必将导致水土流失的加剧（黄志霖等，2004）。植被可以提高土壤的抗冲蚀能力，其减蚀作用表现在 3 个方面，植被茎叶对雨滴动能的消减作用；植物茎及枯枝落叶对径流流速的减缓作用；植物根系对提高土壤抗冲蚀的作用（张兴昌等，2000）。植被覆盖层能减轻雨滴对地面的打击，增加地面糙率，使气流或水流的作用力分散在覆盖物之间，并且植被腐烂后可增加土壤中有机质的含量，进一步改善土壤的理化性质（Gilly and Risse，1999；刘和平等，2007）。植被能截留降水，减少雨滴的冲击，改善土壤结构，提高土壤抗蚀能力。同时，植被具有明显的物候变化，不同季节植被覆盖度会明显不同，从而使其防止水土流失的能力在年内是变化的。对于一个确定的研究区，除降水与植被外，影响土壤侵蚀的其他因子是相对固定不变的，因此准确分析年内降水过程与植被生长过程的耦合关系对评估土壤流失，优化水土保持等具有重要意义。本节以密云水库上游区域为例，利用 TRMM-3B43 数据集月降水资料与 16 天合成 MODIS-NDVI 数据，通过年内的降水分布与植被覆盖的变化过程的综合分析，研究降水与植被的耦合关系对土壤侵蚀的影响。

1）年内降水过程

基于 TRMM-3B43 数据产品，以研究区内的所有像元的平均值代表该月的降水量，统计 1998~2004 年所有月份的降水量数据，形成时间序列，分析研究区年内降水分布情况如图 5.2 所示。

图 5.2 显示了 1998~2004 年研究区各月的降水均值年内分布情况。汛期为 6~8 月，最大降水出现在 7 月，能形成侵蚀的降水（刘和平等，2007）出现在 4~10 月。从降水序列可知，降水几乎都集中在汛期的 6~8 月，偶尔在 4 月和 9 月附近会出现较大的降水。降水的最大值也主要出现在 6~7 月，其中 6 月 2 次、7 月 3 次、8 月和 9 月各 1 次。1~3 月及 10~12 月则很少出现降水。

2）不同植被类型的长势分析

为了更好地了解研究区内不同植被类型的 NDVI 在时间变化的差异，分析年内不同植被类型的保护土壤的能力在时间上的不同，根据源于 SPOT5 遥感影像分类得到的土地利用图将植被类型分为耕地、林地（包括乔木林和灌木林）、草地和其他四类。林地主要分布在海拔较高的山地，多分布于阴坡，少量分布于阳坡，另外湿润的沟谷中也有乔木林分布；草地多分布于干燥的阳坡，覆盖度小，也分布于阴坡林地斑块边缘，

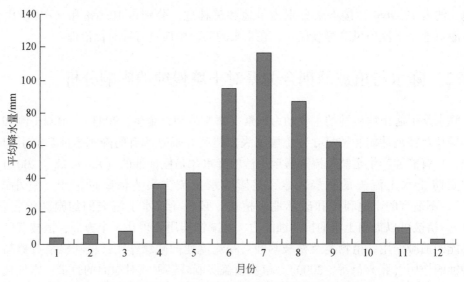

图 5.2　1998~2004 年研究区各月降水的多年均值

覆盖度相对较高；耕地大多分布于沟底平地，缓坡地带，以及水库的部分滩地。

　　从 MODIS 影像产品中提取每一类植被覆盖的 NDVI 均值，从而生成 2004 年不同植被覆盖类型的平均 NDVI 时间序列曲线，如图 5.3 所示。整个研究区每种植被的 NDVI 值均随时间有明显的季节变化，其中林地的 NDVI 值在年内任何时间均明显高于其他植被覆盖类型。1~4 月中旬林地 NDVI 均值稳定在 0.3 左右；从 4 月中旬到 5 月末，林地开始生长发育，其 NDVI 值迅速上升，其增速也明显高于其他植被类型；6 月初到 9 月初为林地 NDVI 处于相对稳定阶段，为 0.8~0.9，中间阶段略为上升，到 8 月中旬达到全年最大值；8 月中旬之后林地的 NDVI 值逐渐下降。对于草地，其 NDVI 值在 1 月到 4 月中旬期间稳定在 0.23 左右；从 4 月中旬到 5 月末，草地也开始快速生长发育，其速度虽低于林地，但高于其他植被类型，5 月末达到 0.54 左右；5 月末至 8 月中旬，草地 NDVI 上升速度放缓，但高于林地，到 8 月中旬达到最大值 0.75 左右；从 8 月中旬开始，草地 NDVI 值逐渐下降。对于耕地，其 NDVI 值的变化情况略微不同，1 月到 4 月中旬期间稳定在 0.18 左右；从 4 月中旬到 6 月中旬，NDVI 值缓慢上升，达到 0.36 左右；从 6 月中旬到 7 月中旬，耕地 NDVI 值快速上升，其速度高于其他任何植被类型；7 月中旬到 8 月中旬，耕地 NDVI 值上升速度放缓，最终达到年内最大值 0.74 左右；8 月中旬之后，耕地 NDVI 值逐渐下降。对于其他植被类型，其变化一直起伏不断，其中 2 月初出现了年内低于 0 的最低值；之后 NDVI 值有升有降，7 月中旬达到年内的最大值 0.34 左右；之后呈下降趋势。

　　总体而言，研究区的所有植被在 1 月至 4 月中旬是低值稳定阶段；4 月中旬至 7 月中旬为植被的生长阶段，虽然生长速度有变化，但大都是增长的；7 月中旬至 9 月中旬为植被覆盖最佳的阶段，这段时期内所有的植被都基本达到了自己年内的最大值，是具有最佳保护作用的阶段；从 9 月中旬至 12 月末，所有植被的 NDVI 均逐渐下降，说明绿色植被开始枯黄衰落，保护性能也逐渐下降，直至最低。

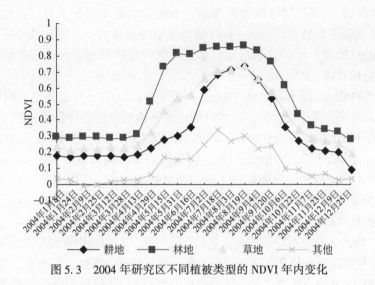

图 5.3　2004 年研究区不同植被类型的 NDVI 年内变化

3）植被与降水的叠加分析

时间序列的 NDVI 结合时间序列的降水资料可以确定什么地方什么时间有可能发生侵蚀（刘和平等，2007）。如果低的 NDVI 值遭遇高的降水强度，则侵蚀风险就高。将降水量的年内分布与各类型植被 NDVI 值的时间序列变化曲线置于同一坐标系进行对比分析，如图 5.4 所示。图中的柱状图显示的是 1998 ~ 2004 年的 TRMM 资料所估算的研究区多年月降水量的均值；线状图为从 MODIS-MOD13QI 产品中提取的研究区各类植被覆盖 NDVI 时间序列变化曲线，以及全区 NDVI 均值变化曲线。

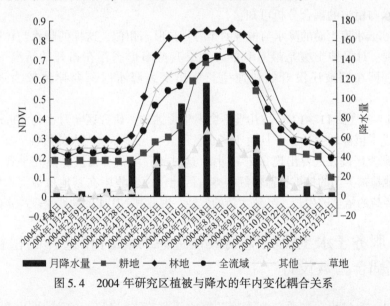

图 5.4　2004 年研究区植被与降水的年内变化耦合关系

整体而言，植被 NDVI 曲线的分布形态与降水的年内分布形态基本相似。降水量主要集中在 6 ~ 8 月，其降水量占全年总降水量的 59.48%；而植被 NDVI 值在这个时段也处于高位，可以提供相对较好的保护作用。最大降水量出现在7月，占全年总降水量的23.23%，而在7月各种植被的NDVI值也基本达到最大值。因此几乎不存在高强度降水遇到低植被覆盖，从而引起剧烈的水土流失的特殊情况。那么发生侵蚀的地方应该是植被覆盖相对较差的区域。

由本区域的侵蚀性降水标准18.9mm（刘和平等，2007），可以肯定地指出1~3月及11~12月是几乎不会发生侵蚀的。这段时间内虽然植被覆盖的保护性功能不强，但降水量也很小，形不成有效的侵蚀性径流。4~5月的降水量不大，在40mm左右；相对而言，植被在这段时间内处于迅速的生长阶段。从而说明了本来降水量不大的40mm的降水不但没有引起强烈的水土流失，反而促进了各类型植被的生长。6月的多年平均降水量达到95mm，虽然降水量较大，但植被覆盖也达到了很好状态，已经有了很好的水土保持能力；从随后的植被生长来看，本月的降水也促进了各种植被的生长，尤其是耕地植被类型增长速度最快，因此6月也不应该是侵蚀量最大的时期。7月的多年平均降水量达到最大值116.6mm，而植被覆盖也都几乎达到了最大值，但从随后的植被生长来看，林、草及耕地类的植被的NDVI值均有所增加，但其他植被类型的NDVI值反而降低又重新反弹，这从一定程度上说，本月的降水虽然对林、草及耕地类的地区造成的侵蚀有限，但已经造成其他植被类型地区的侵蚀，并影响了本类内植被的生长。随后的8~10月，降水量与植被的保护作用都在减小，其他植被类型的植被在7~9月反复明显，说明侵蚀主要发生在7~8月，且主要发生在其他植被类型的植被覆盖少的区域。

4）总结分析

研究中虽然没有用到降水强度，但从降水量也可以反映出降雨侵蚀力的大小。并且从历年的降水资料中也可以看出，密云水库上游地区强降水一般都集中在6~9月。通过对降水与植被的耦合分析可知：

（1）密云水库上游的降水与植被的年内分布形态相似，这样的降水与植被的耦合模式相对来说，对保护土壤是最有利的。如果其分布形态存在错开的情况（Vrieling et al. 2008），即在植被还没开始快速生长就出现强降水时，会导致较为强烈的侵蚀发生。

（2）1~3月及11~12月是几乎不会发生侵蚀的。研究区4月中旬40mm左右的降水正好促进了植被的生长，并且由于降水量不大，也形不成太大的侵蚀。

（3）研究区侵蚀主要出现在7~8月，这时的乔灌草等植被虽然几乎到达到最佳状态，但其他植被类型的植被覆盖仍然很差。因此侵蚀多集中在其他植被类型地类上，强降水影响稀疏的植被的生长，导致大量的侵蚀，因此其NDVI的曲线呈现一定的波动。

5.1.3　服务于水土流失监测最佳遥感影像时相选择的植被降水耦合指数设计

侵蚀是一个过程，主要与高强度的降水事件有关。给定一定的坡度和土壤类型，当高强度的降水与有限的土壤相吻合时，会产生大量的侵蚀。由于降水强度和植被覆盖度在一年内有所不同，因此侵蚀风险在一年中是高度可变的。高强度降水发生时，植被的保护能力最大，侵蚀可能实际上不是影响最大。Hancock（2009）研究表明，伴随降水量与降水强度增加的年泥沙输出是非线性。Wang（1983）表明虽然侵蚀性降水集中在雨季，但在 4 ~ 9 月任何时间都有可能发生，而此期间处于植被生长和冠层的变化期。降水和植被覆盖之间的复杂关系，使得最能代表区域相对植被覆盖的遥感数据时相选择复杂化，而这个时相也处于区域发生最大侵蚀的有效时间。然而，遥感数据的时间问题没有受到足够重视。许多研究只是用基于植被生长季的可用卫星数据，忽略了降水分布从而导致不合理的土壤侵蚀危险度评价结果（Mutekanga，2010）。即使在高强度降水期间的遥感数据，其有效性也应仔细验证，通常在高强度降水时期，植被覆盖是最大的，不可能导致最大侵蚀，因此不适合土壤侵蚀图制作。为了解决这个问题，Vrieling 等（2008）基于中分辨率成像光谱仪（MODIS）时间序列植被指数和高强度降水数据分析了巴西地区的严重侵蚀期。该方法是基于降水和植被指数动态变化之间的可视化分析，这严重影响其在其他地区的应用。因此，迫切需要建立一套定量、标准化、可操作性强的方法，用于确定适宜的时间内进行土壤侵蚀风险制图。

针对以上问题，本节以密云水库上游（UWMR）为研究区，提出了创新的降水植被耦合指数（RVCI），该指数综合考虑了降水和植被覆盖的动态变化，基于 RVCI 确定的土壤侵蚀高风险年份，通过与产沙量数据的对比验证说明该指数的有效性。利用 RVCI 通过 USLE 模型制作了整个研究区土壤侵蚀图。

1）基于 MODIS NDVI 与 TRMM 的 RVCI 设计

在任何给定的地区，地形、土壤和耕作方式一般都不会改变，只有降水和植被覆盖是变化的，常来估计侵蚀风险的水平。密云水库上游流域以前的研究结果表明，每月 18.9mm 以下的降水不会造成有效的径流，因此也不会造成土壤侵蚀（刘和平等，2007）。因此，首先对降水数据进行以下处理，得到新的降水数据集 R'：

$$R'_i = \begin{cases} R_i - 18.9 & R_i > 18.9 \\ 0 & R_i \leqslant 18.9 \end{cases} \tag{5.1}$$

式中，R 为区域降水；R' 为处理过的降水；i 表示月。此外，由于降水和 NDVI 数据单位不一致，通过标准规范转换为相对值。RVCI 则定义为

$$\mathrm{RVCI} = \hat{R} - \hat{V} \tag{5.2}$$

式中，$\hat{R} = R'_i / \bar{R'}$ 为平均标准化降水，值小于 1 表示低于平均水平的降水，值大于 1 表示高于平均水平的降水；$\hat{V} = V_i / \bar{V}$ 为标准化平均 NDVI，等于 1 表示年平均植被覆盖。从设计的预期来看，RVCI 能表明一年中的相对侵蚀风险。如果 RVCI 大于 1，意味着相对于平均水平，降水和植被覆盖在年内处于高水平，因此代表当年的高侵蚀风险。应该指出的是，公式中的平均值是区域每年的平均标准，年份间不可比。

2）降水植被耦合指数计算与特征

2001 ~ 2008 年降水和 NDVI 变化（作为植被覆盖的一个指标）如图 5.5 所示。受气候、降水变化和其他自然条件影响，一年中 NDVI 水平不同，从 4 月开始植被总体呈现快速生长，7 月和 8 月达到峰值，植被覆盖在之后几个月呈下降趋势。研究结果显示，

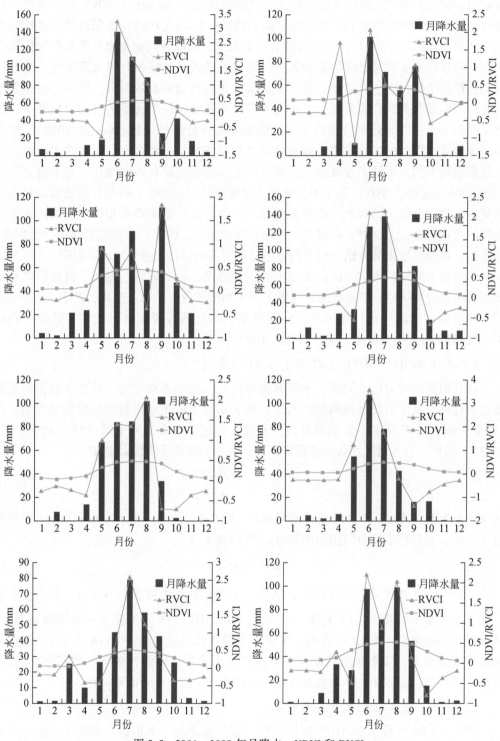

图 5.5　2001~2008 年月降水、NDVI 和 RVCI

降水是不可预测的, 主要集中在 4~9 月, 但时间分布有明显的不同, 2001~2008 年, 高强度降水与植被覆盖率低导致更严重的土壤侵蚀, 从图 5.5 可以看到, 只是基于降水和 NDVI 动态复杂性标识的最高侵蚀风险月是不合理的。

2001~2008 年每个月 RVCI 计算结果如图 5.5 所示, 基于降水和 NDVI 间复杂关系的 RVCI 可以更直观地标识出相对土壤侵蚀风险。RVCI 为负值意味着高植被覆盖但相对低降水强度, 正值代表高强度降水但植被覆盖率低。RVCI 越高, 土壤侵蚀的风险越严重。

3) 最高水土流失风险时相确定与验证

上述方法确定了不同年份土壤侵蚀风险最高的月份。结果表明, 密云水库上游流域最高的土壤侵蚀风险主要为 7 月、8 月和 9 月, 其中 2004 年、2006 年和 2007 年为 7 月, 2001 年、2005 年和 2008 年为 8 月, 2002 年和 2003 年为 9 月。土壤侵蚀风险最高月份的动态变化表明不同年份降水–植被覆盖的复杂关系, 因此, 选择最佳时间的卫星数据对于土壤侵蚀风险图的制作非常重要。比较最高强度的降水分布 (图 5.5), 可以发现最高土壤侵蚀风险和最高强度降水之间没有重叠, 这表明土壤侵蚀风险不在降水最大时期, 而是受植被覆盖变化与降水的累积影响。

UWMR 在 2004~2008 年不同月份的产沙量 (图 5.6) 验证了基于 RVCI 方法的最高土壤侵蚀风险月份的有效性。结果表明, 产沙量主要集中在 2004~2008 年的 7 月和 8 月, UWMR 估算的 2004 年 (370000t) 总输沙量明显大于其他年份, 主要是降水影响。基于 RVCI 的 2004~2008 年最高的土壤侵蚀风险月份见图 5.6。与实测输沙量年内动态比较, 确定与 2004~2008 年的最高产沙月份完全一致, 2004 年、2006 年和 2007 年 6 月, 2005 年和 2008 年 8 月。这些结果表明, 基于通过卫星数据易获得的降水和植被覆盖信息, RVCI 可以合理地标识年内最高的土壤侵蚀风险月份, 这为选择合适时间的卫星数据进行土壤侵蚀风险制图提供了一种有效的手段。

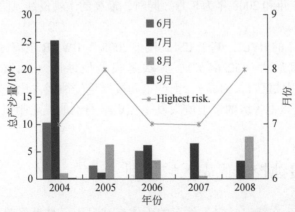

图 5.6　验证通过 RVCI 计算土壤侵蚀最危险月及其野外测得泥沙量数据

4) 基于降水植被耦合指数的密云水库上游水土流失风险评估

采用 RVCI 的土壤侵蚀风险类分布如图 5.7 所示。UWMR 土壤侵蚀存在从很低到极严重 6 个等级。低侵蚀区面积占比例最大（52.64%），其次是很低侵蚀区（28.66%）、中度侵蚀区（11.04%）、重度侵蚀区（3.51%），而很严重和极严重侵蚀区占比较低，为 1.97% 和 2.81%。采用土地覆盖、坡度和土壤流失图迭代分析，该地区的重度及以上等级的土壤流失发生在干旱的土地或陡峭山坡上的草原，可为政策制定者提供有关支持区域控制土壤侵蚀的策略。

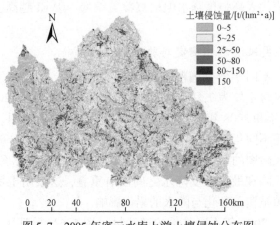

图 5.7　2005 年密云水库上游土壤侵蚀分布图

5）小结

RVCI 可以合理地标识年内最高土壤侵蚀风险的月份。UWMR 实例研究表明，RVCI 可以通过降水和 NDVI 复杂关系的表示，提供一种更直观的方法识别相对的土壤侵蚀风险。与实测数据比较，确定通过 RVCI 得到的结果与实际产沙最高月份完全一致，UWMR 方法确定最高的土壤侵蚀风险主要在 7 月、8 月和 9 月，其中 2004 年、2006 年和 2007 年为 7 月，2001 年、2005 年和 2008 年为 8 月，2002 年和 2003 年为 9 月，2001 年、2005 年和 2008 年为 8 月。同时，最高的土壤侵蚀风险与最高强度的降水发生时间并不重叠。

利用 8 月 NDVI 的 RVCI，基于 USLE 模型 2005 年 UWMR 土壤侵蚀风险表明：低侵蚀区面积所占比例最大（52.64%），其次是很低侵蚀区（28.66%）、中度侵蚀区（11.04%）、重度侵蚀区（3.51%），而严重和极严重侵蚀区占比较低，分别为 1.97% 和 2.81%。重度及以上等级的水土流失发生在干旱的土地或陡峭山坡上的草原，值得未来足够的关注。

5.1.4　土壤侵蚀控制优先区域识别

土壤侵蚀是发生在特定时空条件下的土体迁移过程，是世界范围内最重要的土地退化问题（Eswaran et al., 2001；Deng et al., 2009），已经成为全球公害。因此，水土保持措施应该被适当应用，以改善生态环境和减少经济损失。多年来，大部分水土保持工程以小流域作为治理区，并以小流域的面积，而不是治理的优先性，作为投资的依据（Zhang et al., 2002；Fan, 2008）。这种没有科学依据的行为导致大量的人力和财力浪费，对于整体的环境改善来说，效率也是很低的。因此，有限资源的有效配置需要对易于侵蚀的地区进行制图、监测及制定治理的优先性。

土壤侵蚀主要依赖于地形、植被覆盖、土壤、降水和土地覆盖等（Zhou and Wu，2005；Tian et al.，2008；Beskow et al.，2009）。现有的侵蚀评估方法有确定侵蚀风险的定性方法和计算侵蚀率的定量方法。通常，定量方法昂贵且耗时，不易应用到区域尺度，而且标准的测量设备也很难获取（Stroosnijder，2005；Vrieling et al.，2008）。然而在许多情况下并不需要知道确切的侵蚀量或侵蚀率，如在确定侵蚀区域的保护优先次序时，只需要知道区域的侵蚀风险及其空间分布，所以定性的方法虽然不能给出具体的侵蚀量，但仍然被广泛地使用。

本节的目的是在土壤侵蚀防治工作中确定优先区域。研究结果将为侵蚀治理工作的计划编制提供指导，并辅助政府部门为侵蚀区域的治理、保护和管理制定优先性。多指标评估方法被用于研究中，其决策规则依据永定河流域的土壤侵蚀特征而定。

1）土壤侵蚀评估与精度评价

土壤侵蚀风险评估方法要求三个输入：植被覆盖、坡度和土地覆盖。在土壤侵蚀风险评估中，侵蚀风险可定义为区域环境变化在这些因子上的响应（Renard et al.，1997；Wang et al.，2005）。研究中，土壤侵蚀风险被分为 6 级，如表 5.4。2000 年和 2006 年的植被覆盖分别从 Landsat TM 和北京一号提取；坡度从数字高程模型（DEM）中提取；土地覆盖源于遥感影像分类，评估结果由野外数据进行标定。2000～2006 年的侵蚀变化趋势被用于确定保护优先性。

表 5.4　水力侵蚀强度分级参考指标

地表/% ＼ 坡度/(°)		<5	5～8	8～15	15～25	25～35	>35
非耕地的植被覆盖度	>75	微度					
	60～75		轻度				
	45～60						强度
	30～45				中度	强度	极强度
	<30				强度	极强度	剧烈
坡耕地			轻度				

植被覆盖因子和坡度因子按上述方法计算。对于植被覆盖，按 15%、30%、45%、60% 和 75% 被划分为 6 类，如图 5.8（a）所示，每类分别占总面积的 32%、24%、12%、11%、6% 和 15%。由于人类活动和相对干燥气候的影响，平均植被覆盖较低，仅有 38%。坡度以 5°、8°、15°、25° 和 35° 也分为 6 类，如图 5.8（b）所示，分别占总面积的 48%、7%、9%、24%、8% 和 4%。土地利用图如图 5.8（c）所示。研究区 2000 年的侵蚀风险如图 5.8（d）所示，2006 年的侵蚀风险如图 5.8（e）所示。按表 5.4 进行评估，并用 158 个野外样点标定。侵蚀风险也被分为 6 类：微度（ST）、轻度（LT）、中度（MT）、强度（SR）、极强度（MS）和剧烈（ES）。

　　利用野外调查样点评估侵蚀风险的精度。以在每一个样点位置的侵蚀风险是否被正确评估来确定侵蚀风险的精度。因此精度可以认为是被正确评估的样点数与总样点数据的比值。分层随机选取 425 个样点，覆盖不同的土地利用类型，耕地 65 个、林地 168 个、草地 192 个。通过计算，总体评估精度达到 92%，其中耕地 89%、林地 95%、草地 92%。

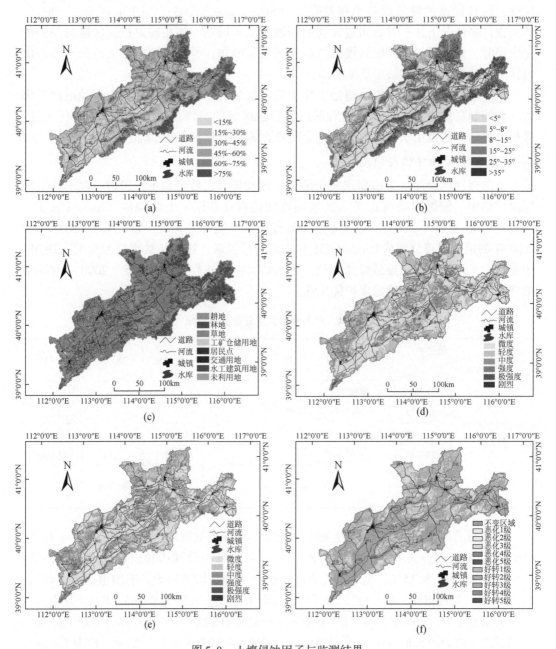

图 5.8　土壤侵蚀因子与监测结果

（a）植被覆盖度图；（b）坡度图；（c）土地利用图；（d）2000 年土壤侵蚀图；
（e）2006 年土壤侵蚀图；（f）侵蚀变化趋势分析图

2) 土壤侵蚀变化趋势分析

北京一号的空间分辨率（32m）与 Landsat TM（30m）相似，三个波段的光谱区间设置相同。另外，2000 年和 2006 年遥感影像的获取时间相似，都在植被的生长季，使用的评估方法相同。因此两个时期的侵蚀风险评估结果具有可比性。

通过比较两个时间的侵蚀风险可以确定其变化趋势。构建了一个包含 11 类的变化趋势图，其中 5 类为侵蚀风险恶化类，5 类为侵蚀风险好转类，一个侵蚀等级不变类，结果如图 5.8（f）所示。通过分析这些结果，可以为将来的治理项目确定侵蚀治理区域。

研究中，侵蚀风险的变化可能由不正确的几何纠正引起，但大部分反映了研究区真实的变化。微度以上的区域被认为是侵蚀区域。那么总体的侵蚀风险变化趋势可以通过分析每一侵蚀等级的面积变化来实现。研究区 2000 年与 2006 年各侵蚀等级的面积比较如图 5.9 所示。侵蚀面积由 17782.62km^2（总面积的 44.55%）降到 14979.19km^2（总面积的 37.53%），似乎显示了侵蚀状况有很大改善。然而极强度侵蚀面积却从 172.16km^2（总面积的 0.43%）增加到 201.54km^2（总面积的 0.50%）；剧烈侵蚀面积从 21.26km^2（总面积的 0.05%）增加到 39.31km^2（总面积的 0.10%）。极强度和剧烈侵蚀面积都增加且与 2000 年相比位置发生变动，虽然总体侵蚀风险有所下降，但在局部地区仍有侵蚀风险增加的现象。

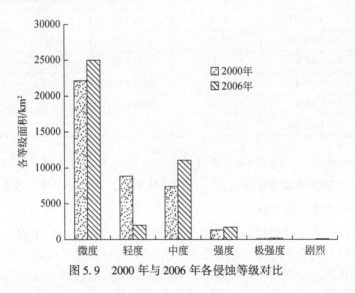

图 5.9　2000 年与 2006 年各侵蚀等级对比

通过两期侵蚀风险评估的叠加分析可以得到每一个侵蚀等级转化面积百分比，如表 5.5 所示。在低侵蚀等级中，不变区域的百分比较大，说明低的侵蚀等级相对较为稳定。侵蚀等级从 6 转变为 1 和转变为 2 的百分比分别是 0.012% 和 0.003%，而侵蚀等级从 1 转变为 6 和从 2 转变为 6 的百分比分别为 0.036% 和 0.040%，更说明了在评估优先性时考虑侵蚀风险变化趋势的重要性。

表5.5 两期土壤侵蚀监测成果各种等级变化面积统计表 （单位：km²）

		2006 年侵蚀等级					
		1	2	3	4	5	6
2000 年侵蚀等级	1	18050.57	711.78	2914.28	378.47	52.33	14.44
	2	4108.97	656.38	3533.69	496.64	64.72	15.87
	3	2314.73	481.48	3848.47	697.54	69.43	5.22
	4	373.14	120.22	673.38	128.61	7.37	0.72
	5	90.32	2.25	58.27	20.07	4.20	1.33
	6	4.92	1.23	14.44	0.51	0.00	0.00

土壤侵蚀每一类变化的面积如表 5.6 所示。研究区中稳定不变的区域面积最大，占总面积的 56.84%。这些区域主要是平原区的耕地。侵蚀风险增加的区域总面积大于侵蚀风险降低区域的总面积，说明尽管总的侵蚀面积在减少，但侵蚀风险却在增加。侵蚀风险增加的区域主要位于山脚缓坡地带和沟谷地带，因为这个区域容易被开垦或放牧等。而侵蚀风险降低的区域主要位于偏僻的山区，人类活动稀少。

表5.6 侵蚀等级恶化与好转面积对比

等级变化	面积	比例	等级变化	面积	比例
恶化 1 级	4951.72	12.41	好转 1 级	5283.9	13.24
恶化 2 级	3481.06	8.72	好转 2 级	2493.73	6.25
恶化 3 级	448.41	1.12	好转 3 级	389.83	0.98
恶化 4 级	68.2	0.17	好转 4 级	91.54	0.23
恶化 5 级	14.4	0.04	好转 5 级	4.92	0.01
合计	8963.79	22.46	合计	8263.92	20.70

侵蚀风险增加多于三个等级的区域主要位于山地平原交错带，具有较缓的坡度，容易被开垦。这些坡耕地通常通过毁坏自然植被形成，且多为一年一季种植。

3）土壤侵蚀治理优先区

侵蚀治理优先性可以为政府部门的决策提供重要的依据。为了揭示潜在的优先区域，研究侵蚀风险的变化趋势是非常重要的，因为它可以指示侵蚀等级增加或土地退化的区域。而当前通常仅关注侵蚀现状，因此本研究将通过综合侵蚀现状和变化趋势以确定侵蚀治理优先性。考虑侵蚀风险的变化意味着，侵蚀现状具有相同等级的区域不一定具有相同的优先性。对于侵蚀稳定的区域，优先性基于侵蚀现状确定；而对于侵蚀等级增加或降低的区域，优先性通过综合现状和趋势来确定。例如，如果侵蚀风险减小，优先性可能会降低；同样侵蚀风险增加，优先性可能会提高。判别规则如表 5.7 所示。

表 5.7 侵蚀等级变化分析矩阵重新编码形成保护次序

		2006 年土壤侵蚀等级					
		1	2	3	4	5	6
2000 年土壤侵蚀等级	1	VI	IV	II	I	I	I
	2	VI	IV	III	II	I	I
	3	VI	V	III	II	II	I
	4	VI	V	IV	III	II	I
	5	VI	V	IV	III	II	I
	6	VI	VI	V	IV	III	I

基于上述规则得到侵蚀治理优先性如图 5.10 所示。具有较高优先性的区域不仅覆盖了具有严重等级的区域，而且覆盖了侵蚀风险明显增加的区域。这个结果可以用于确定治理区域的位置及投资的力度，并且可以避免工程完成后侵蚀状态的进一步恶化。

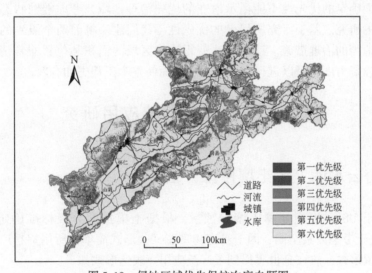

图 5.10 侵蚀区域优先保护次序专题图

每一优先级的面积和百分比如表 5.8 所示。从表 5.7 和表 5.8 可以看出，最高的两个级别几乎覆盖了所有严重的侵蚀区域和侵蚀风险明显增加的区域，面积为 4722.56km²，占总面积的 11.84%。我们建议在将来将这两个级别作为侵蚀治理区域并采取适当的水土保持措施。第三和第四优先级覆盖了稳定的区域和轻微变化的区域，面积为 9631.19km²，占总面积的 24.13%。这些区域在将来的治理中仅需要较少的投入便可以达到目的。最后两个级别覆盖了低侵蚀等级区域和侵蚀风险降低的区域，面积为 25562.23km²，占总面积 64.03%。这些区域不需要投资治理，只需要适当减少人类活动的干扰和发展强度即可。

表5.8　各优先级区域面积统计

保护等级	面积/km²	比例/%	累计比例/%
第一优先级	533.09	1.34	1.34
第二优先级	4189.47	10.50	11.84
第三优先级	7530.87	18.87	30.71
第四优先级	2100.32	5.26	35.97
第五优先级	618.39	1.55	37.52
第六优先级	24943.84	62.48	100

　　根据Collins等2001年的研究，优先区域分析的目的在于，根据特定的需求、参数或一些行为和目的的预测因子，确定最合理的空间模式。优先级别的确定指示了最需要进行治理的区域，方便将来的治理计划编制工作。为了治理土壤侵蚀，水土保持措施需要在山坡或流域尺度的野外布置，然而忽略区域的差异会导致资源的浪费。仅考虑侵蚀现状而确定的优先性不能揭示潜在的优先治理区域，考虑侵蚀状态的变化可以完善优先性的研究。基于研究所得出的优先性，我们建议将前两个级别的区域作为治理区，增加适当的治理措施。这种方法使得治理区域的面积和位置非常清楚，因此更具目标性，投资力度也可以进行合理预算，从而使整个工程更加有效。

5.2　密云水库上游应用研究

5.2.1　密云水库上游土壤侵蚀评估

　　本节基于USLE模型计算土壤侵蚀量，根据土壤强度分级标准确定侵蚀等级。USLE模型由于考虑因素全面，因子具有物理意义，形式简单，所用资料广泛，统一了土壤侵蚀模型形式，故在全世界得到了广泛应用。表达形式如下：

$$A = f \cdot R \cdot K \cdot L \cdot S \cdot C \cdot P \tag{5.3}$$

式中，A为土壤流失量；R为降雨侵蚀力因子；K为土壤可蚀性因子；L为坡长因子；S为坡度因子；C为植被覆盖与作物管理因子；P为水土保持措施因子；f为单位转换系数，若采用美制单位，$f=1$，若采用$t/(km^2 \cdot a)$，$f=224.2$（卜兆宏等，1997）。

1. 侵蚀因子的计算

1）降水侵蚀力因子R

　　在实际应用中，R值计算最为麻烦的是动能（E）的计算。由于E值的计算需要降水过程，而降水过程要从自记雨量纸上查得，分析自记雨量纸又是一件极费时间的事，即使借助计算机工作也很费事。因此，R值简易计算的关键在于寻求一个通过常规降水资料就可得到的参数，建立它与R值经典算法的关系，省去E的计算。研究区处于海河流域，本节参考马志尊（1989）得到的海河流域太行山区 R 值的计算公式。

$$R = 1.2157 \sum_{i=1}^{12} 10^{1.51 \lg \frac{P_i^2}{P} - 0.8188}$$ (5.4)

式中，R 为降雨侵蚀力因子；P_i 为月降水量（mm）；P 为年降水量（mm）。

基于 TRMM 3B43 数据，对密云水库上游 2004 年的降雨侵蚀力进行计算，结果如图 5.11 所示。最小的侵蚀力为 64.57，最大的侵蚀力达到 139.75。从空间分布上讲，东部大于西部，南部大于北部。最大的侵蚀力出现在中南部和东南部。

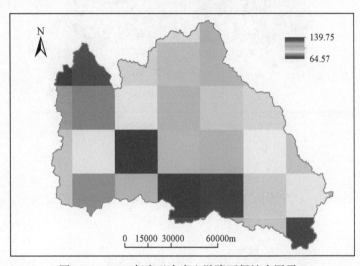

图 5.11   2004 年密云水库上游降雨侵蚀力因子 R

2）土壤可蚀性因子 K

K 值是一项评价土壤被降雨侵蚀力分离、冲蚀和搬运难易程度的指标。依据该土壤剖面表层的砂粒（直径在 0.05~2.00mm）、粉砂粒（直径在 0.05~0.002mm）和黏粒（直径<0.002mm）含量，可以求出该土壤剖面的 K 值。Wischmeier 等于 1971 年根据土壤性质与实测到的土壤可蚀性 K 值，建立了土壤可蚀性因子 K 与土壤性质之间的关系式：

$$100K = 2.1M^{1.14} (10^{-4}) (12-a) + 3.25 (b-2) + 2.5 (c-3)$$ (5.5)

式中，M 为颗粒分析参数（粉砂+极细砂百分数）乘以（100-黏土百分数）；a 为有机质百分含量；b 为土壤分类中土壤结构级别；c 为土壤剖面参数级别。

在研究中，首先对密云水库上游 186 个土壤剖面资料进行计算，求出每个剖面土壤的可蚀性因子 K 值，然后结合土壤类型图将因子 K 置于对应位置的土壤类型上，形成土壤可蚀性因子 K 的空间分布图（图 5.12）。

3）坡长坡度因子 LS

基于 DEM 的地形特征分析，提取坡度坡长图。采用通用流失方程中的坡长引子 L 的计算方法计算坡长因子（Renard et al., 1997）：

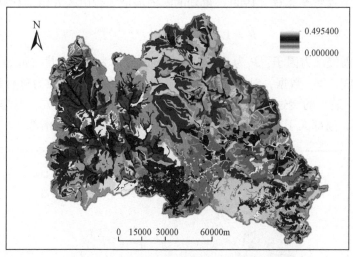

图 5.12　密云水库上游土壤可蚀性因子 K

$$L=\left(\frac{\lambda}{22.1}\right)^{m} \tag{5.6}$$

式中，L 为坡长因子；λ 为坡长（m）；m 为坡长指数，其取值范围为

$$m=\begin{cases}0.5 & \theta < 1\% \\ 0.3 & 1\% \leqslant \theta \leqslant 3\% \\ 0.4 & 3\% < \theta \leqslant 5\% \\ 0.5 & \theta > 5\%\end{cases} \tag{5.7}$$

McCool 等（1989）的研究表示，通用土壤流失方程允许计算的最大坡度为 18%（15°）。因此借鉴刘宝元对坡度在 9% ~55% 的陡坡土壤侵蚀的研究（Liu，1994）。本书研究坡度因子 S 的计算通过分段考虑，即缓坡采用 McCool 的坡度公式，陡坡采用刘宝元的坡度公式，合并表示如下：

$$S=\begin{cases}10.8\sin\theta + 0.03 & \theta < 5° \\ 16.8\sin\theta & 5° \leqslant \theta < 10° \\ 21.91\sin\theta & \theta \geqslant 10°\end{cases} \tag{5.8}$$

式中，S 为坡度因子；θ 为坡度。

密云水库上游 LS 因子计算结果如图 5.13 所示。

4）植被覆盖与作物管理因子 C

因子 C 是根据地面植物覆盖状况的不同而反映植被对土壤流失影响的因素，当地面完全裸露时，C 值为 1.0，当地面保护良好时，$C=0.001$，所以 C 值在 0.001 ~1.0。C 值与植被类型、覆盖度有关。孙保平（1990）通过建立植被因子与植被度的关系求 C（表 5.9）。对于其他地类，结合蔡崇法等（2000）、王万忠和焦菊英（1996）、许月卿等（2008）提出的不同土地利用 C 值并结合当地土地利用及农事活动情况确定 C 值，水田定为 0.1，旱地定为 0.22，城镇居民点建设用地定为 0.0，水域与裸岩定为 0.0。

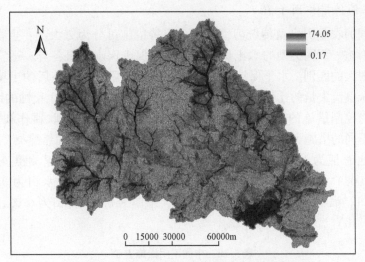

图 5.13 密云水库上游坡长坡度因子 *LS*

表 5.9 USLE 中不同植被覆盖度的 *C* 值

覆盖度/%	0	20	40	60	80	100
草地	0.45	0.24	0.15	0.09	0.043	0.011
灌木	0.40	0.22	0.14	0.085	0.04	0.011
林地	0.10	0.08	0.06	0.02	0.004	0.001

依据我国多位学者计算因子 *C* 的经验，最终得到研究区因子 *C* 的空间分布图（图 5.14）。

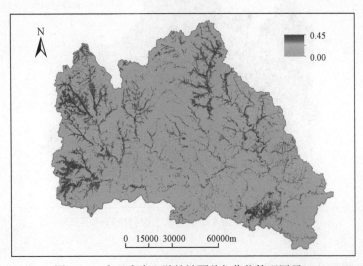

图 5.14 密云水库上游植被覆盖与作物管理因子 *C*

5）水土保持措施因子 P

根据我国的农业历史及传统习惯，水土保持措施可分为三大类：生物措施、耕作措施和工程措施。不同类型的水土保持措施不仅保土保水效果各异，适宜的地区和地形部位也有很大的区别。水土保持措施因子 P 是指采用专门措施后的土壤流失量与顺坡种植时的土壤流失量的比值，其范围在 $0 \sim 1$，0 代表根本不发生侵蚀的地区，而 1 代表未采取任何控制措施的地区。通常的水土保持措施有等高带状耕作和水平梯田等。我国学者将不同的措施类型的 P 值制作成表以供查询（王万忠和焦菊英，1996）。自然植被和坡耕地 P 值为1。本书主要参照蔡崇法等（2000）、王万忠和焦菊英（1996）、许月卿等（2008）提出的 P 值，自然植被和坡耕地 P 值为1，水田为0.01，旱地为0.4，林地为1，灌草地为1，农村居民点为1，果园为0.8，梯田为0.03，水域与裸岩为0.0（表5.10）。

表5.10　中国不同措施 P 值

坡度/(°)	等高带状耕作	草田带状间作	水平梯田	水平沟	等高垄作
<5	0.3	0.1	0.03	0.01	0.1
5 ~ 10	0.5	0.1	0.03	0.05	0.1
>10	0.6	0.2	0.03	0.1	0.3

依据我国多位学者计算水土保持措施因子 P 的经验，结合研究区土地利用图生成研究区水土保持措施因子 P 分布图（图5.15）。

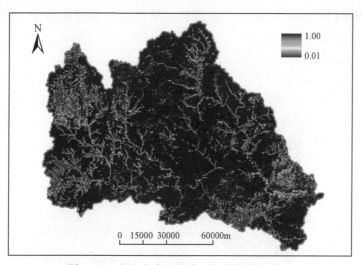

图5.15　密云水库上游水土保持措施因子 P

2. 土壤侵蚀量的计算与分级

将上述各土壤侵蚀因子连乘，并将结果转化为公制单位 $[t/(km^2 \cdot a)]$，结果如图5.16所示。研究区2004年最大土壤侵蚀模数为74444.36$t/(km^2 \cdot a)$，平均土壤侵蚀模数为 1314. 10t/（km² · a）。研究侵蚀模数主要分布于 0.04~7000t/（km² · a）。从空间分布上看，北部侵蚀强度要大于南部，尤其是在丰宁和赤城分布着强侵蚀。

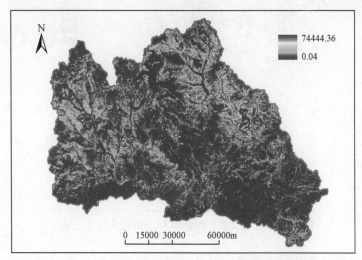

图 5.16　密云水库上游 2004 年土壤侵蚀强度图

　　根据中华人民共和国水利部土壤侵蚀分类分级标准（中华人民共和国水利部，1997），关于水蚀强度的分级标准是以年平均土壤侵蚀模数为判别指标来划分的，如表 5.11 所示。由于研究区处于北方土石山区，土壤运行流失量标准为 200t/（km² · a），因此微度的划分标准设定为 200t/（km² · a），分级结果如图 5.17 所示。

表 5.11　土壤侵蚀分类分级标准

级别	平均侵蚀模数/[t/（km² · a）]	平均流失厚度/（mm/a）
微度侵蚀	<200	<0. 15
轻度侵蚀	200~2500	0. 15~1. 9
中度侵蚀	2500~5000	1. 9~3. 7
强度侵蚀	5000~8000	3. 7~5. 9
极强度侵蚀	8000~15000	5. 9~11. 1
剧烈侵蚀	>15000	>11. 1

　　按照表 5.11 将土壤侵蚀等级划分为 6 级：微度侵蚀、轻度侵蚀、中度侵蚀、强度侵蚀、极强度侵蚀和剧烈侵蚀，并按照县级行政区划进行统计，如表 5.12 所示。微度和轻度侵蚀占据了研究区的大部分，共计占研究区面积的 87.69%。其中微度侵蚀面积达到 7880. 16km²，占研究区面积的 51.21%；轻度侵蚀面积为 5613. 51km²，占研究区面积的 36.48%。极强度侵蚀和剧烈侵蚀分别为 244. 56km² 和 77. 49km²，分别占研究区面积的 1.59% 和 0.50%。

　　就行政区而言，北京地区的侵蚀状况明显好于河北地区，尤其是密云，土壤侵蚀面积仅占该区面积的 26.21%，怀柔和延庆的土壤侵蚀面积分别占该区面积的 43.50%

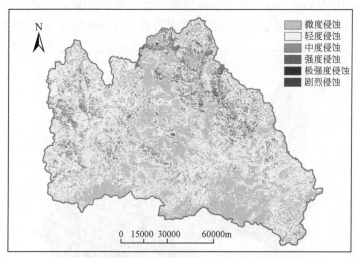

图 5.17　密云水库上游 2004 年土壤侵蚀分类分级图

和 46.42%。河北地区以兴隆和栾平两县较好,侵蚀面积分别占该县面积的 41.77% 和 47.63%。

表 5.12　密云水库上游 2004 年土壤侵蚀分级统计表

地区	面积 /km²	微度侵蚀		轻度侵蚀		中度侵蚀		强度侵蚀		极强度侵蚀		剧烈侵蚀	
		面积 /km²	比例 /%	面积 /km²	比例 /%	面积 /km²	比例 /%	面积 /km²	比例 /%	面积 /km²	比例 /%	面积 /km²	比例 /%
密云	1485.27	1096.01	73.79	343.27	23.11	27.60	1.86	9.50	0.64	6.02	0.41	2.87	0.19
怀柔	1288.01	727.60	56.50	481.61	37.39	48.31	3.75	14.75	1.14	10.44	0.81	5.30	0.41
延庆	730.03	391.12	53.58	283.08	38.78	35.84	4.91	11.11	1.52	7.55	1.03	1.33	0.18
张家口	21.81	10.16	46.61	9.32	42.72	1.64	7.51	0.49	2.23	0.05	0.23	0.15	0.70
赤城	5289.54	2401.07	45.39	2166.91	40.97	490.21	9.27	160.79	3.04	62.11	1.17	8.45	0.16
丰宁	4169.88	2016.28	48.35	1355.47	32.51	409.73	9.83	207.33	4.97	133.63	3.20	47.44	1.14
崇礼	99.56	27.83	27.95	56.63	56.88	12.03	12.09	2.56	2.57	0.46	0.46	0.05	0.05
沽源	411.98	190.85	46.33	194.61	47.24	20.53	4.98	3.99	0.97	1.80	0.43	0.20	0.05
滦平	1412.02	739.30	52.37	562.33	39.82	61.00	4.32	24.45	1.73	16.59	1.17	8.35	0.59
兴隆	480.74	279.94	58.23	160.28	33.34	22.30	4.64	8.96	1.86	5.91	1.23	3.35	0.70
总计	15388.84	7880.16	51.21	5613.51	36.48	1129.19	7.34	443.93	2.88	244.56	1.59	77.49	0.50

5.2.2　密云水库上游土壤侵蚀空间格局分析

土壤侵蚀是在一定环境背景下发生的,对土壤侵蚀发生的环境背景及其空间格局进行分析有利于进行水土保持,制定土壤侵蚀防治对策,并检验其实施的成效(许月卿等,2008)。对研究区土壤侵蚀与环境背景因子(包括高程、坡度、坡向和土地利用）进行叠加和空间统计分析，揭示土壤侵蚀与环境背景因子的关系，从不同的角度分析研究区土壤侵蚀分布状况，对研究区的侵蚀状况进行全面透彻地了解，为土壤侵蚀的有效防治和治理提供科学依据。

研究区高程分布在 16 ~ 2291m，因此以高程 500m、800m、1100m、1400m 及 1700m 为界限将研究区划分为 6 个高程带；以 5°、8°、15°、25° 和 35° 为界限将研究区划分为 6 个坡度带；分析研究区北、东北、东、东南、南、西南、西、西北 8 个坡向的土壤侵蚀状况；分析研究区耕地、乔木、灌木、草地、建设用地、未利用地及水域的土壤侵蚀状况。

1）土壤侵蚀与高程的关系

利用研究区的 DEM，结合 ERDAS 自定义模块，按照 300m 的间隔将研究区划分为 6 个高程带，并与土壤侵蚀结果进行叠加分析，得到研究区不同高程带上的土壤侵蚀状况，如表 5.13 所示。

从各高程带的侵蚀面积的绝对值来看，500 ~ 800m 高程带的侵蚀面积最大，为 1886.31km²，占研究区侵蚀总面积（7508.68km²）的 25.12%；其次为 800 ~ 1100m 高程带，侵蚀面积为 1815.27km²，占研究区侵蚀总面积的 24.18%；再次为 1100 ~ 1400m 高程带，侵蚀面积为 1792.18km²，占研究区侵蚀总面积的 23.87%；其他三个高程带侵蚀面仅占研究区侵蚀总面积的 26.83%，因此 500 ~ 1400m 为密云水库上游区域土壤侵蚀的重点治理区。

仅从剧烈侵蚀的面积看，500 ~ 800m 高程带的面积也是最大的，为 22.73km²。从而可以看出最严重的侵蚀发生在这一高程带，因此 500 ~ 1400m 的重点治理区中，500 ~ 800m 高程带应该列为最重要的治理区。从该高程带往上，剧烈侵蚀面积逐渐减小。

表 5.13　密云水库上游不同高程带土壤侵蚀面积

高程/m	面积/km²	微度侵蚀		轻度侵蚀		中度侵蚀		强度侵蚀		极强度侵蚀		剧烈侵蚀	
		面积/km²	比例/%	面积/km²	比例/%	面积/km²	比例/%	面积/km²	比例/%	面积/km²	比例/%	面积/km²	比例/%
<500	2049.99	1175.92	57.36	705.52	34.42	96.21	4.69	36.48	1.78	24.39	1.19	11.47	0.56
500 ~ 800	3627.00	1740.69	47.99	1411.96	38.93	257.42	7.10	117.09	3.23	77.11	2.12	22.73	0.63
800 ~ 1100	3869.70	2054.43	53.09	1298.60	33.56	299.68	7.74	128.82	3.33	71.53	1.85	16.64	0.43
1100 ~ 1400	3522.59	1730.41	49.12	1298.83	36.87	316.19	8.98	111.09	3.15	50.82	1.45	15.26	0.43
1400 ~ 1700	1852.61	980.55	52.93	681.82	36.80	127.60	6.89	37.66	2.03	14.41	0.78	10.57	0.57
>1700	466.95	198.16	42.44	216.78	46.42	32.10	6.87	12.79	2.74	6.30	1.35	0.82	0.18
总计	15388.84	7880.16	51.21	5613.51	36.48	1129.19	7.34	443.93	2.88	244.56	1.59	77.49	0.50

2）土壤侵蚀与坡度的关系

地形是影响土壤侵蚀的重要因素，其中坡度无疑是最重要的决定因素之一，许多土壤侵蚀研究都将坡度作为考虑因素。从研究区的 DEM 中提取坡度图，将坡度分为 6 个带，并与土壤侵蚀计算结果进行叠加分析，得到研究区不同坡度带上的土壤侵蚀情况，如表5.14所示。

表 5.14　密云水库上游不同坡度带土壤侵蚀面积

坡度带	面积 /km²	微度侵蚀		轻度侵蚀		中度侵蚀		强度侵蚀		极强度侵蚀		剧烈侵蚀	
		面积 /km²	比例 /%	面积 /km²	比例 /%	面积 /km²	比例 /%	面积 /km²	比例 /%	面积 /km²	比例 /%	面积 /km²	比例 /%
<5°	1979.85	1418.13	71.63	519.58	26.24	28.66	1.45	8.13	0.41	3.52	0.18	1.83	0.09
5°~8°	876.98	457.12	52.13	342.99	39.11	48.05	5.48	16.15	1.84	6.33	0.72	6.34	0.72
8°~15°	2699.38	1301.81	48.22	1052.22	38.98	210.21	7.79	73.35	2.72	47.14	1.75	14.65	0.54
15°~25°	4404.60	2053.12	46.61	1693.55	38.45	408.35	9.27	147.91	3.36	83.95	1.91	17.72	0.40
25°~35°	3164.47	1517.25	47.95	1172.19	37.04	270.97	8.56	115.86	3.66	58.10	1.84	30.10	0.95
>35°	2263.56	1132.73	50.04	832.98	36.80	162.95	7.20	82.53	3.65	45.52	2.01	6.85	0.30
总计	15388.84	7880.16	51.21	5613.51	36.48	1129.19	7.34	443.93	2.88	244.56	1.59	77.49	0.50

从各坡度带侵蚀面积占研究区侵蚀总面积的比例看，15°~25°坡度带具有最大的比例，占侵蚀总面积的31.32%；其次为25°~35°坡度带，占侵蚀总面积的21.94%；再次为8°~15°坡度带，占侵蚀总面积的18.61%。

从剧烈侵蚀面积看，25°~35°坡度带具有最大的侵蚀面积，达到30.10km²。因此15°~35°坡度带应该作为研究区主要的侵蚀治理区。

3）土壤侵蚀与坡向的关系

坡向作为地形因素之一，通过影响土壤水分和温度而影响植被的生长，进而影响侵蚀方式和侵蚀量（傅伯杰和汪西林，1994）。从研究区的DEM中提取坡向，将坡向进行重分类得到北、东北、东、东南、南、西南、西、西北和平地9类，并与土壤侵蚀结果进行叠加分析，从而得到各个坡向的情势情况，如表5.15所示。

表 5.15　密云水库上游不同坡向土壤侵蚀面积

坡向	面积 /km²	微度侵蚀		轻度侵蚀		中度侵蚀		强度侵蚀		极强度侵蚀		剧烈侵蚀	
		面积 /km²	比例 /%	面积 /km²	比例 /%	面积 /km²	比例 /%	面积 /km²	比例 /%	面积 /km²	比例 /%	面积 /km²	比例 /%
北	1952.75	1150.88	58.94	620.82	31.79	101.27	5.19	40.35	2.07	25.47	1.30	13.96	0.71
东北	1470.43	841.19	57.21	491.16	33.40	78.89	5.37	31.59	2.15	19.61	1.33	7.99	0.54
东	2286.40	1091.90	47.75	884.72	38.70	174.62	7.64	74.47	3.26	43.75	1.91	16.94	0.74
东南	1781.15	764.50	42.92	734.66	41.25	171.18	9.61	66.15	3.71	36.28	2.04	8.38	0.47
南	1959.31	783.67	40.00	823.59	42.03	208.86	10.66	89.14	4.55	44.90	2.29	9.15	0.47
西南	1705.56	719.18	42.17	715.87	41.97	166.95	9.79	64.08	3.76	32.13	1.88	7.35	0.43
西	2103.46	1069.49	50.84	801.99	38.13	146.09	6.95	50.53	2.40	27.16	1.29	8.20	0.39
西北	1597.12	958.33	60.00	513.33	32.14	78.36	4.91	26.78	1.68	14.90	0.93	5.42	0.34
平地	532.66	501.02	94.05	27.37	5.14	2.97	0.56	0.84	0.16	0.36	0.07	0.10	0.02
总计	15388.84	7880.16	51.21	5613.51	36.48	1129.19	7.34	443.93	2.88	244.56	1.59	77.49	0.50

从表 5.15 中可以看出，东坡和南坡侵蚀面积最大，分别为 1194.50km² 和 1175.64km²，分别占研究区侵蚀总面积的 15.91% 和 15.66%。其次为西、东南和西南，分别占侵蚀总面积的 13.77%、13.54% 和 13.14%。平地的侵蚀面积最小。

我们可以发现，面向南的坡面侵蚀面积普遍比面向北的坡面的侵蚀面积大，这是因为该研究区普遍缺水，面向南的阳坡虽然阳关充足，但水分条件较差，从而影响了植被的生长，进而导致侵蚀面积增大。

4）土壤侵蚀与土地利用类型的关系

根据研究区的土地利用图将土地覆盖类型分为耕地、乔木、灌木、草地、建设用地、未利用地和水域 7 类，并与土壤侵蚀结果进行叠加分析，从而得到研究区不同土地利用类型上的土壤侵蚀状况，如表 5.16 所示。

表 5.16　密云水库上游不同土地利用类型土壤侵蚀面积

地类	面积 /km²	微度侵蚀		轻度侵蚀		中度侵蚀		强度侵蚀		极强度侵蚀		剧烈侵蚀	
		面积 /km²	比例 /%	面积 /km²	比例 /%	面积 /km²	比例 /%	面积 /km²	比例 /%	面积 /km²	比例 /%	面积 /km²	比例 /%
耕地	1604.92	708.31	44.13	577.59	35.99	113.02	7.04	74.14	4.62	81.31	5.07	50.55	3.15
乔木	4569.22	4370.80	95.66	197.44	4.32	0.84	0.02	0.03	0.00	0.03	0.00	0.08	0.00
灌木	4109.35	1255.64	30.56	2542.17	61.86	240.21	5.85	57.14	1.39	13.70	0.33	0.49	0.01
草地	4291.63	1031.21	24.03	2162.37	50.38	709.56	16.53	268.17	6.25	109.25	2.55	11.07	0.26
建设用地	219.83	185.41	84.34	13.98	6.36	5.30	2.41	4.74	2.16	6.22	2.83	4.18	1.90
未利用地	515.33	250.23	48.55	119.96	23.28	60.26	11.69	39.71	7.71	34.05	6.61	11.12	2.16
水域	78.56	78.56	100	0.00	0.00	0.00	0.00	0.00	0.00	0.00	0.00	0.00	0.00
总计	15388.84	7880.16	51.21	5613.51	36.48	1129.19	7.34	443.93	2.88	244.56	1.59	77.49	0.50

从统计结果看，研究区草地的侵蚀面积（不包含微度侵蚀）最大，达到 3260.42km²，占研究区侵蚀总面积的 43.42%；其次为灌木，侵蚀面积为 2853.71km²，占研究区侵蚀总面积的 38.01%；耕地的侵蚀面积达到 896.61km²，占研究区侵蚀总面积的 11.94%。侵蚀面积小的土地利用类型主要是乔木和建设用地。灌木和草地虽然有植被覆盖，但北方地区稀疏的灌木和草地较多，而且常有松弛的土壤裸露，是形成强侵蚀的主要原因。

5）土壤侵蚀在各县的分布

通过密云水库上游的行政区划图与土壤侵蚀计算结果叠加，统计得到研究区内每个县的平均土壤侵蚀模数，并做成柱状图进行对比如图 5.18 所示。可以看出丰宁的平均土壤侵蚀模数最高，达到 1928.02t/(km²·a)，而密云的平均土壤侵蚀模数最低，为 593.01t/(km²·a)。

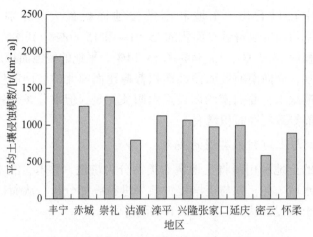

图 5.18　密云水库上游各地区平均土壤侵蚀模数对比

5.2.3　基于改进因子 C 的 1980～2010 年密云水库上游水土流失动态监测

USLE 在预测土壤侵蚀模数研究中应用最为普遍，目前已经在不同空间尺度、不同地理条件下得到了成功应用。当前，限制 USLE 精度的一个主要原因是植被覆盖与作物管理因子 C 的估算不够准确。通常，因子 C 会根据文献或地面实测为每一类土地覆盖赋一个均一值，这种做法综合考虑了植被类型、植被垂直结构及土地利用年内动态，但没有考虑同一土地覆盖内部空间差异。为了解决这一问题，研究人员提出了通过遥感植被指数或植被覆盖度与地面实测因子 C 回归进而确定 C 的方法。逐像元回归方法明确地考虑了植被覆盖的差异，但是由季节变化或土地利用方式变化引起的植被格局快速变化却无法考虑。因此，李晓松等（2011）基于土地覆盖数据与时间序列的 NDVI 数据，构建了一个新的水土流失植被覆盖与作物管理因子遥感估算模型，该模型既在充分借鉴以往研究的基础上考虑到了土地利用现状、年内动态，同时也通过土地覆盖内部 NDVI 的差异来刻画土地利用内部植被对水土流失保护的差异。

1）改进因子 C 的设计

植被覆盖与作物管理因子 C 被定义为特定管理措施和覆盖度土地和休耕地的土壤侵蚀之比，反映了植被和管理措施对土壤侵蚀速率的影响。在此，本书提出一种新的方法来计算因子 C，它参考土地覆盖类型与动态，并明确引入了土地覆盖内部差异。首先，基于以前的研究，根据不同的土地覆盖类型分配平均因子 C 的值。然后，通过引入 NDVI 基于以下假设表征土地覆盖的差异：①每个土地覆盖类型内的 NDVI 分布遵循高斯分布；②每个土地覆盖类型内，平均 NDVI 值的区域被分配固定的平均因子 C 的值；③每个土地覆盖类型内，植被指数相对偏差体现因子 C 的变化。

$$C_{\text{pixel}} = C_{\text{AL}} \times \left(1 - \frac{\text{NDVI}_{\text{pixel}} - \overline{\text{NDVI}}_L}{\overline{\text{NDVI}}_L} \right) \tag{5.9}$$

式中，C_{AL} 为某一土地覆盖类型的平均因子 C 的值；$NDVI_{pixel}$ 为某一像元的 NDVI 值；$\overline{NDVI_L}$ 为某一类型土地覆盖对应像元的平均 NDVI 值。

2）密云水库上游水土流失因子特征

基于 27 个雨量收集站数据计算的降雨侵蚀力因子 R 值为 1138.99 ~ 2544.93MJ·mm/(hm²·h·a)。因子 R 的分布从流域东北部向西南方向逐渐增加，与降水从西到东增加趋势一致（图 5.19）。土壤可蚀性因子 K 为 0.0255 ~ 0.0862t·h/(MJ·mm)，其分布受土壤类型影响明显。坡长和坡度因子 LS 为 0.0768 ~ 46.938，高 LS 值分布的区域占了密云水库上游很大的比例。

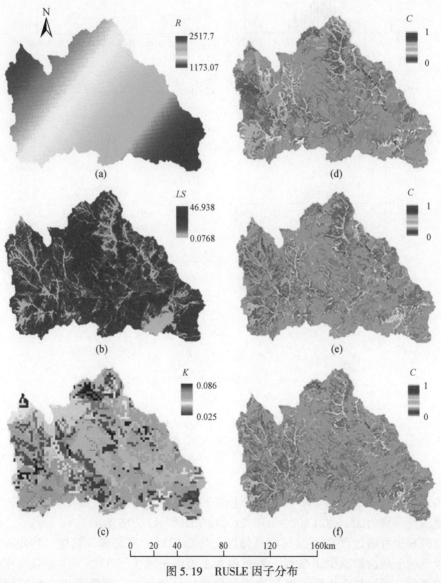

图 5.19 RUSLE 因子分布

（a）因子 R；（b）因子 K；（c）因子 LS；（d）因子 C，1990 年；（e）因子 C，2000 年；（f）因子 C，2010 年

改进的因子 C 在 $0 \sim 0.12$ 变化，其分布与土地覆盖类型高度相关。从因子 C 直方图（图 5.20）可以看出，其分布与假设一致遵从高斯分布。不同土地覆盖类型因子 C 标准差有所区别，草原和旱地具有最高的标准偏差（ $>10\%$ ），其次为林地（约 8% ），最后为疏林地和水田（约 5% ）。

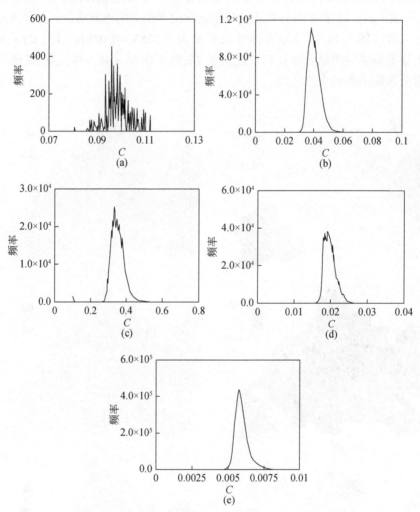

图 5.20　不同土地覆盖类型因子 C 直方图
（a）水田；（b）草地；（c）旱地；（d）疏林地；（e）林地

3）密云水库上游水土流失特征

1990 年、2000 年及 2010 年密云水库上游土壤侵蚀空间分布图如图 5.21 所示，平均土壤侵蚀量分别为 $25.68t/(hm^2 \cdot a)$ 、 $21.04t/(hm^2 \cdot a)$ 、 $16.80t/(hm^2 \cdot a)$ 。土壤侵蚀量的急剧减少可通过严重侵蚀与剧烈侵蚀土地面积减少来解释，其中，1990 ~ 2010 年，严重侵蚀土地面积减少了 50%，剧烈侵蚀土地面积减少了 37%，主要分布在密云水库上游西部。通过与土地覆盖及坡度等信息叠加分析可知，严重及以上程度侵蚀主要发生在坡地上的旱地和草地。

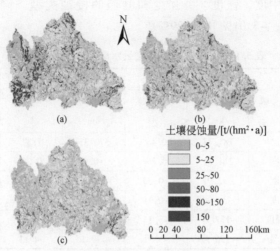

图5.21 研究区不同时期水土流失

(a) 1990年; (b) 2000年; (c) 2010年

不同时期不同土壤侵蚀等级分布有相同的趋势,其中,轻度侵蚀所占比例最大,其次是微度侵蚀、中度侵蚀、强度侵蚀,而极强度和剧烈侵蚀面积所占比例最低(表5.17)。

表5.17 不同时期土壤侵蚀等级分布

土壤侵蚀 /[t/(hm²·a)]	侵蚀等级	1990年		2000年		2010年	
		面积/km²	比例/%	面积/km²	比例/%	面积/km²	比例/%
<5	微度	3981.21	27.41	4162.98	28.66	4733.35	32.58
5~25	轻度	7432.52	51.16	7646.91	52.64	7646.01	52.64
25~50	中度	1636.01	11.26	1603.10	11.04	1323.35	9.11
50~80	强度	549.29	3.78	510.31	3.51	425.44	2.93
80~150	极强度	423.92	2.92	286.15	1.97	211.45	1.46
>150	剧烈	503.79	3.47	316.82	2.18	186.67	1.28

表5.18显示了不同土壤侵蚀等级比例的统计。可以观察到,不同土壤侵蚀等级的比例有相同的趋势,其中,轻度侵蚀面积占比最大,其次是微度侵蚀区、中度侵蚀区、强度侵蚀区,而极强度和剧烈侵蚀面积占比最低。1990~2000年土壤流失的动态变化和年变化率如表5.18所示。可以看出,在1990~2000年微度和轻度侵蚀等级面积每年分别增加0.46%和0.29%。还观察到中度侵蚀等级面积以每年0.2%的速度减少($-32.91km^2$),强度侵蚀年变化率为-0.71%($-38.98km^2$),极强度侵蚀等级年变化率为-3.25%($-137.77km^2$),剧烈侵蚀等级的年变化率为-3.71%($-186.97km^2$)。在2000~2010年,只有微度侵蚀等级增加了570.37km^2,年变化率为1.37%,而轻度、中度、强度、极强度和剧烈侵蚀等级的年变化率分别约为-0.001%、-1.75%、-1.66%、-2.61%和-4.11%。在1990~2010年,微度和轻度侵蚀类型的年变化率分别约为

1. 89% 和 0. 29%，中度、强度、极强度和剧烈的侵蚀类型下降，年变化率分别为 −1. 91%、−2. 25%、−5. 01% 和 −6. 29%。

表 5. 18 1990 ~ 2010 年密云水库上游水土流失动态

土壤侵蚀	侵蚀等级	1990 ~ 2000 年		2000 ~ 2010 年		1990 ~ 2010 年	
		变化面积 /km²	年变化率 /%	变化面积 /km²	年变化率 /%	变化面积 /km²	年变化率 /%
<5	微度	181. 77	0. 46	570. 37	1. 37	752. 14	1. 89
5 ~ 25	轻度	214. 39	0. 29	−0. 9	0. 00	213. 49	0. 29
25 ~ 50	中度	−32. 91	−0. 20	−279. 75	−1. 75	−312. 66	−1. 91
50 ~ 80	强度	−38. 98	−0. 71	−84. 87	−1. 66	−123. 85	−2. 25
80 ~ 150	极强度	−137. 77	−3. 25	−74. 7	−2. 61	−212. 47	−5. 01
>150	剧烈	−186. 97	−3. 71	−130. 15	−4. 11	−317. 12	−6. 29

总之，本书的研究结果表明，1990 ~ 2010 年，单位水土流失量 ≤25t/(hm²·a) 的地表覆盖面积增加，而 1990 ~ 2010 年，土壤流失量 >25t/(hm²·a) 的土地面积总量减少。

4）结论

本节展示了利用土地覆盖和 NDVI 估算的 RUSLE 模型因子 C 的实用方法。模型考虑土地利用现状和动态，明确土地利用变化。每种类型的土地覆盖的因子 C 随植被变化根据标准偏差和平均 C 值的中心趋势呈高斯分布。本研究创新性地提出了一种更为合理、定量、可靠的基于像元对像元的因子 C 估算的方法，在基于 RUSLE 模型进行土壤侵蚀空间模拟研究方面取得了显著进步。

综合跨度超过 20 年的土壤侵蚀及其动态分布得到 R、K、LS 与不同时期因子 C。1990 ~ 2010 年，土壤流失减轻，水土流失量 ≤25t/(hm²·a) 的面积增加，而土壤流失量大于 25t/(hm²·a) 则相应减少。1990 ~ 2000 年，土壤流失量小于 5t/(hm²·a) 的土地面积平均增长率每年增长 0. 46%，比 2000 ~ 2010 年的 1. 38% 年平均增长率的增长缓慢。2010 年，强度、极强度和剧烈侵蚀的地区，占总数 5. 67%，主要发生在旱地和陡坡上的草地区。应优先考虑采用适当的保护措施，如旱地梯田、封地育林或育草，减少侵蚀对土壤流失的影响。此外，标明侵蚀比例的土壤流失图可以用来合理配置稀缺保护资源，并制定政策和法规。

5.3 官厅水库上游水土流失遥感监测

5.3.1 永定河治理区土壤侵蚀时空变化分析

自全国第二次土壤侵蚀遥感调查以来，永定河重点治理区先后启动了多项国家级重点治理工程。如国家八片水土保持重点治理工程；《21 世纪初期首都水资源可持续利用规划》水土保持项目。侵蚀区域多以小流域形式进行治理,项目区及主要治理区位置分布如图 5.22 所示。永定河治理区大部分区域位于官厅水库上游,总面积为 39915.98km²,约为官厅水库上游区域总面积的 91.55%。

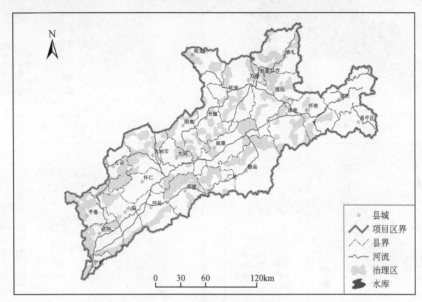

图 5.22　研究区及治理区位置

本节利用 2006 年"北京一号" 32m 多光谱数据,按照水利部部颁标准《土壤侵蚀分类分级标准》(SL 190-96) 评估研究区 2006 年土壤侵蚀风险,并与第二次全国土壤侵蚀遥感调查数据进行对比分析,研究永定河治理区土壤侵蚀的时空变化。

根据《土壤侵蚀分类分级标准》(SL 190-96) 分别制作各因子专题图,如图 5.23 所示。研究区平均植被覆盖度为 38.14%;平缓坡 (<5°) 占总面积的 48.24%;耕地与非耕地分别占总面积的 44.30% 和 55.70%。

2000 年全国第二次土壤侵蚀遥感调查如图 5.23 (d) 所示。为了在方法上与全国第二次土壤侵蚀遥感调查具有可比性,本研究仍采用部颁标准,通过逐像元判断,同时根据实地观测数据,在充分分析土壤环境、气候环境、植被环境、物质文化环境及地形地貌的基础上,进行人机交互,形成土壤侵蚀现状图 (图 5.23)。

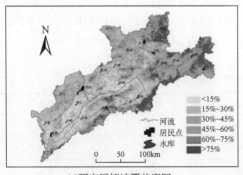

(a)研究区植被覆盖度图

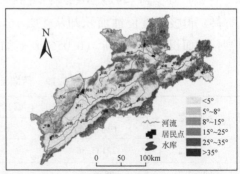

(b)研究区坡度图

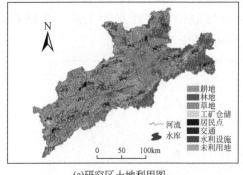

(c)研究区土地利用图

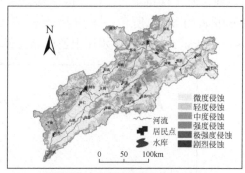

(d)2000年永定河治理区土壤侵蚀图

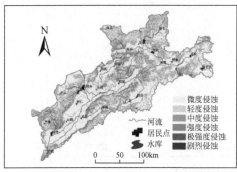

(e)2006年永定河治理区土壤侵蚀图

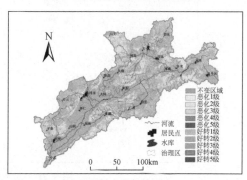

(f)侵蚀变化趋势图

图5.23　研究区图示

对同一地区不同时期的土壤侵蚀调查结果进行动态分析，可以揭示不同侵蚀等级在时间和空间上的变化情况及侵蚀变化趋势在空间上的分布情况。

（1）统计两期监测成果各侵蚀等级的面积，对比分析各侵蚀等级的面积变化情况，可以从宏观上把握侵蚀状况变化的趋势。对比侵蚀面积的变化可以从整体上考核2000~2006年永定河重点治理区多项国家级重点治理工程的治理成果。

2000年与2006年土壤侵蚀各等级面积统计对比如表5.19所示。从表5.19可以看出，经过治理，重点治理区内的微度侵蚀面积从2000年的22133.36km²（55.45%）增加到 2006 年的 24936.78km²（62.47%），微度以上侵蚀面积从 17782.62km²（44.55%）减少到14979.20km²（37.53%），说明从整体上来看，区域的侵蚀状况有所好转；但极强度侵蚀面积却从 172.16km²（0.43%）增加到201.54km²（0.50%），剧烈侵蚀面积从21.26km²（0.05%）增加到了39.31km²（0.10%）。

表5.19　两期土壤侵蚀数据对比表

侵蚀强度	2000 年各级强度土壤侵蚀面积		2006 年各级强度土壤侵蚀面积	
	面积/km²	比例/%	面积/km²	比例/%
微度侵蚀	22133.36	55.45	24936.78	62.47
轻度侵蚀	8856.75	22.19	1963.62	4.92

续表

侵蚀强度	2000 年各级强度土壤侵蚀面积		2006 年各级强度土壤侵蚀面积	
	面积/km²	比例/%	面积/km²	比例/%
中度侵蚀	7430.01	18.61	11061.28	27.71
强度侵蚀	1302.44	3.26	1713.45	4.29
极强度侵蚀	172.16	0.43	201.54	0.50
剧烈侵蚀	21.26	0.05	39.31	0.10
合计	39915.98	100.00	39915.98	100.00

（2）分析各等级之间的相互转化及面积，可以发现从整体统计数据中所不能看到的问题，如整体侵蚀面积减小的情况下，可能存在多数区域的侵蚀等级正在恶化的现象。

将 2000 年与 2006 年土壤侵蚀图进行叠加分析，可以得到两期监测成果各种侵蚀等级相互转化的面积（表 5.20），同时也可以了解到各级恶化区域的分布位置及其面积。从表 5.20 可以看出侵蚀等级不变的区域面积随侵蚀等级的减小而增加，说明侵蚀等级越低，区域的侵蚀状况越稳定，越不易发生变化；侵蚀等级从 6 变为 1 和从 6 变为 2 的面积分别为 4.96km² 和 1.29km²，而侵蚀等级从 1 变为 6 和从 2 变为 6 的面积分别为 15.26km² 和 15.84km²，侵蚀等级严重恶化的区域面积明显大于侵蚀等级急剧好转区域的面积，说明先前的治理没有考虑侵蚀变化趋势，致使存在恶化趋势的区域没有得到很好的治理。

表 5.20　两期土壤侵蚀监测成果各种等级变化面积统计表　（单位：km²）

		2006 年侵蚀等级					
		1	2	3	4	5	6
2000 年侵蚀等级	1	18050.57	711.78	2923.27	378.47	54.01	15.26
	2	4104.32	648.68	3533.28	489.98	64.65	15.84
	3	2314.73	481.48	3858.75	697.54	71.33	6.18
	4	372.9	119.83	673.35	128.28	7.37	0.71
	5	89.3	0.56	58.18	18.62	4.18	1.32
	6	4.96	1.29	14.45	0.56	0	0

（3）制作侵蚀变化趋势图，显示各侵蚀等级间的转化，对比分析各种侵蚀等级变化级别的面积及其分布，可以看出各种侵蚀等级变化的位置分布，为下一步投资治理提供依据。侵蚀变化趋势图与治理区进行叠加，如图 5.23（f）所示。

将等级恶化与好转的面积进行对比（表 5.21）。大部分为侵蚀等级不变的区域，占总面积的 56.85%，主要分布于流域内的平原地带，以耕地为主；侵蚀恶化的面积大于侵蚀好转的面积，说明在整体侵蚀状况好转的表象下存在着侵蚀恶化的隐患；侵蚀恶化的区域主要分布于人类活动较为频繁的近山缓坡地带及沟壑密集的山涧沟谷地带，而侵蚀好转的区域主要分布于人类活动较少的深山，说明侵蚀状况的恶化与人类活动密切相关。

表 5.21　侵蚀等级恶化与好转面积对比

等级变化	面积/km²	比例/%	等级变化	面积/km²	比例/%
恶化 1 级	4951.29	12.40	好转 1 级	5277.77	13.22
恶化 2 级	3485.29	8.73	好转 2 级	2493.30	6.25
恶化 3 级	449.30	1.13	好转 3 级	387.91	0.97
恶化 4 级	69.85	0.17	好转 4 级	90.59	0.23
恶化 5 级	15.26	0.04	好转 5 级	4.96	0.01
合计	8970.99	22.47	合计	8254.53	20.68

图 5.23（f）表明：①侵蚀好转的区域大多分布于治理区内，说明在侵蚀区采取适当的治理措施可以有效地防治土壤侵蚀；②但在治理区内也存在侵蚀恶化的现象。通过外业调查得知，治理区内并不是所有区域都能得到适当的治理，即虽然规划治理区是整个小流域，但真正得到治理的是小流域内的一部分；③治理区外存在大量侵蚀恶化现象，且在 2000 年时的剧烈侵蚀和极强度侵蚀经过治理发生好转的情况下，其他区域又重新出现了剧烈和极强度侵蚀，说明 2000 ~ 2006 年设立治理区时并没有科学合理的选取依据，也没有预见到有些侵蚀现状良好的地区会出现恶化现象；④治理区域外也有侵蚀好转的现象，说明离开人为干扰，自然本身的恢复能力也很强，所以在侵蚀好转的情况下，不需治理，侵蚀状况也可能得到恢复；⑤山地与平原交界的缓坡地带由于坡度不大，容易被开垦为坡耕地，且多不采取任何防护措施，所以侵蚀严重，需要重视。

总体来看，与全国第二次土壤侵蚀遥感调查结果对比发现，整体上侵蚀面积减小，但有些区域却存在恶化的趋势，因此侵蚀面积的减小并不能完全代表整体侵蚀状况好转。另外，治理区的设置问题需要管理部门的重视，正确设置可以提高治理效率，节省开支。通常情况下，管理者容易基于侵蚀现状设置侵蚀治理区。然而现状中侵蚀等级一样的区域，在年际的变化趋势上存在很大的区别，也就是说，现状中相同等级的侵蚀区域需要的治理力度是不一样的，需要投入的资金也是不一样的。

5.3.2　官厅水库上游土壤侵蚀风险及空间格局分析

由于土壤侵蚀具有高度的空间可变性，因此获得侵蚀的空间格局对洞悉土壤侵蚀过程具有重要意义（Hsieh et al.，2009）。本节的目的是有效和快速地进行水蚀风险评估，探测土壤侵蚀区域，利用三个重要的因子评估侵蚀风险等级。利用 2006 年遥感影像数据，通过与 8 个高程带和 6 个坡度带进行叠加分析，探索侵蚀风险的空间格局。所得结果将对制定治理措施具有重要作用。

1）侵蚀风险评估与精度验证

本节按照《土壤侵蚀分类分级标准》（SL 190-96），利用植被覆盖度、坡度和土地覆盖三个参数，将土壤侵蚀风险划分为 6 个等级，即微度、轻度、中度、强度、极强度和剧烈。

植被覆盖度是刻画陆地表面植被覆盖的最重要指标之一，也是评估侵蚀风险的重要指标（Tian et al.，2008；Vrieling et al.，2008；Zhang et al.，2010），采用像元二分法计算。植被覆盖度计算结果基于 15、30、45、60 和 75 的界限值被分为 6 类，如图 5.24（a）所示。

坡度对地表径流和土壤侵蚀具有重要影响（中华人民共和国水利部，1997；Beskow et al.，2009）。坡度数据集利用 ArcGIS 的坡度计算工具得到，并利用重分类工具将其分为 6 类，界限值为 5°、8°、15°、25° 和 35°，如图 5.24（b）所示。

土地利用与人类活动密切相关，是影响土壤侵蚀的重要因素之一。参考外业调查资料，遥感影像利用面向对象软件 eCognition 进行分类，结果如图 5.24（c）所示。一些作者已经证明了相对于传统分类方法可以提高精度（Zhang et al.，2007）。

降水的强度、历时和频率是水土流失的动力因素。土壤的结构和黏结强度决定了陆地表面的可蚀性，可以用土地覆盖间接来代表。而植被覆盖度和坡度等因子反映了植被抵抗侵蚀的能力。因此，对于研究区的细沟侵蚀和面蚀，土壤侵蚀风险可以基于坡度、植被覆盖和土地利用类型的交互作用来判定。土壤侵蚀风险计算结果如图 5.24 所示。

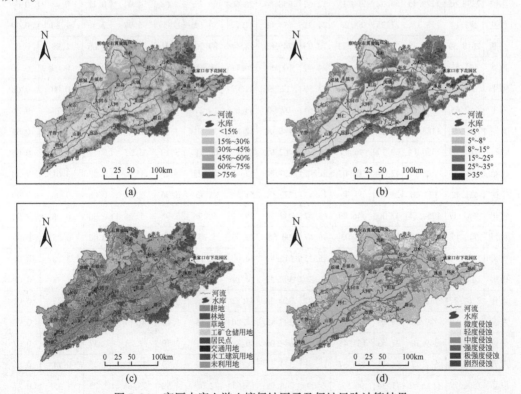

图 5.24　官厅水库上游土壤侵蚀因子及侵蚀风险计算结果

对官厅水库上游的侵蚀风险评估结果进行精度分析。总共确定 499 个分层随机样点，通过海河水利委员会和当地的水土保持专家的辅助，每一个样点在外业调查时确定侵蚀风险等级。通过验证样点位置的侵蚀风险是否被正确评估来分析研究结果的精度。评估精度被定义为被正确评估的样点数与总样点数的比值。分层随机抽取的 499 个样点中，包括 65 个耕地样点，168 个林地样点，196 个草地样点，32 个裸岩样点（包括裸岩和人工表面，如道路）和 38 个未利用湿地和滩地。通过比较外业数据与评估的侵蚀风险，结果显示总体精度为 92.38%。对于每一个土地利用类型，耕地上的评估精度为 89.23%，林地 95.24%，草地 92.86%，裸岩 87.50%，未利用湿地和滩地 86.84%。

如图 5.24 所示，侵蚀风险评估结果显示研究区侵蚀面积为 17740.32km²，占总面积的 40.69%，如表 5.22 所示。大部分侵蚀区域具有低度和中度的侵蚀风险，分别占侵蚀面积的 25.05% 和 62.83%。因此，研究区整体上处于中度的侵蚀风险。仅有 1.58% 和 0.24% 处于极强和剧烈的侵蚀风险。

表 5.22　官厅水库上游不同侵蚀风险面积

地区	总面积 /km²	微度侵蚀		轻度侵蚀		中度侵蚀		强度侵蚀		极强侵蚀		剧烈侵蚀	
		面积 /km²	比例 /%	面积 /km²	比例 /%	面积 /km²	比例 /%	面积 /km²	比例 /%	面积 /km²	比例 /%	面积 /km²	比例 /%
万全	1159.99	669.87	57.74	240.89	20.77	229.62	19.80	17.52	1.51	1.72	0.15	0.37	0.03
丰镇	2298.65	1278.35	55.62	290.15	12.62	658.84	28.66	66.29	2.88	4.04	0.18	0.98	0.04
代县	273.12	58.32	21.35	58.20	21.31	114.08	41.77	34.19	12.52	6.98	2.56	1.35	0.49
兴和	2618.59	1494.49	57.07	286.23	10.93	745.85	28.48	89.20	3.41	1.59	0.06	1.23	0.05
凉城	401.65	198.62	49.44	98.27	24.47	100.84	25.11	3.80	0.95	0.12	0.03	0.00	0.00
原平	31.62	8.70	27.52	4.90	15.50	12.99	41.09	4.17	13.18	0.86	2.71	0.00	0.00
右玉	282.43	143.36	50.77	30.14	10.67	97.90	34.66	10.29	3.64	0.00	0.00	0.74	0.26
大同	1481.62	1187.19	80.13	36.02	2.43	186.98	12.62	59.30	4.00	12.01	0.81	0.12	0.01
大同市	2080.55	1450.14	69.70	96.55	4.64	462.92	22.25	66.41	3.19	3.55	0.17	0.98	0.05
天镇	1634.55	702.37	42.97	108.07	6.61	607.50	37.17	188.21	11.51	24.79	1.52	3.61	0.22
宁武	431.42	122.28	28.34	57.96	13.43	222.51	51.59	25.73	5.96	2.94	0.68	0.00	0.00
宣化	2662.47	1259.24	47.30	346.79	13.02	942.74	35.41	104.76	3.93	7.96	0.30	0.98	0.04
察哈尔	306.45	166.27	54.26	48.03	15.67	90.55	29.55	1.35	0.44	0.00	0.00	0.25	0.08
尚义	1392.91	499.43	35.86	213.57	15.33	612.89	44.00	62.12	4.46	3.80	0.27	1.10	0.08
山阴	1649.36	1069.68	64.87	90.79	5.50	398.22	24.14	77.56	4.70	11.76	0.71	1.35	0.08
崇礼	2267.77	719.98	31.75	725.01	31.97	750.98	33.12	68.98	3.04	2.57	0.11	0.25	0.01
左云	1224.92	779.53	63.64	133.19	10.87	297.13	24.26	14.58	1.19	0.49	0.04	0.00	0.00
平鲁	1265.87	349.70	27.63	151.45	11.96	642.06	50.72	115.18	9.10	7.23	0.57	0.25	0.02
广灵	1178.76	637.77	54.11	136.87	11.61	334.51	28.38	56.49	4.79	12.38	1.05	0.74	0.06
应县	1592.77	1142.62	71.74	96.92	6.09	248.98	15.63	72.05	4.52	27.85	1.75	4.35	0.27

续表

地区	总面积 /km²	微度侵蚀		轻度侵蚀		中度侵蚀		强度侵蚀		极强侵蚀		剧烈侵蚀	
		面积 /km²	比例 /%	面积 /km²	比例 /%	面积 /km²	比例 /%	面积 /km²	比例 /%	面积 /km²	比例 /%	面积 /km²	比例 /%
延庆	1073.72	899.25	83.75	45.09	4.20	116.28	10.83	1.96	0.18	10.97	1.02	0.17	0.02
张北	77.06	37.86	49.13	17.15	22.26	21.44	27.82	0.61	0.79	0.00	0.00	0.00	0.00
张家口	257.56	145.20	56.37	45.70	17.75	62.00	24.07	4.17	1.62	0.49	0.19	0.00	0.00
怀仁	1231.92	1056.82	85.78	9.92	0.81	116.28	9.44	40.56	3.29	8.09	0.66	0.25	0.02
怀安	1686.11	765.44	45.39	144.09	8.55	593.53	35.20	164.92	9.78	17.03	1.01	1.10	0.07
怀来	1537.25	1072.26	69.75	193.35	12.58	235.01	15.29	24.26	1.58	8.82	0.57	3.55	0.23
朔州	1557.85	1301.39	83.54	41.17	2.64	166.76	10.70	38.11	2.45	9.68	0.62	0.74	0.05
浑源	1567.76	797.82	50.89	168.11	10.72	475.29	30.32	100.96	6.44	21.60	1.38	3.98	0.25
涿鹿	1765.66	1138.06	64.45	247.88	14.04	356.56	20.19	22.18	1.26	0.98	0.06	0.00	0.00
神池	64.83	10.05	15.50	17.64	27.22	34.68	53.50	2.21	3.40	0.00	0.00	0.25	0.38
蔚县	3013.97	2237.88	74.24	156.59	5.20	509.23	16.90	96.43	3.20	12.74	0.42	1.10	0.04
阳原	1853.90	1248.24	67.32	52.20	2.82	397.00	21.41	110.03	5.94	39.63	2.14	6.80	0.37
阳高	1676.16	1210.72	72.23	55.38	3.30	304.12	18.14	82.95	4.95	17.56	1.05	5.43	0.33
总计	43599.22	25858.90	59.31	4444.27	10.19	11146.27	25.57	1827.53	4.19	280.23	0.64	42.02	0.10

在所有地区中，研究区西部的代县、平鲁和宁武有最高的侵蚀风险，分别有 78.65%，72.37% 和 71.66% 的土壤侵蚀区域。研究区北部的尚义和崇礼也有较高的侵蚀风险，有 64.14% 和 68.25% 的侵蚀区域。而东北部的宣化和崇礼具有最大的侵蚀面积，分别为 1403.23km² 和 1547.79km²。延庆和怀仁有最低的侵蚀风险，仅有 16.25% 和 14.21% 的侵蚀区域。

2) 土壤侵蚀空间格局分析

土壤侵蚀发生在特定的环境背景下。环境背景和空间格局的分析将有助于预防和控制土壤侵蚀（许月卿和彭建，2008）。基于地理信息系统将土壤侵蚀与环境背景因子，如高程和坡度，进行叠加分析。通过统计分析揭示土壤侵蚀与环境背景之间的相关性，为有效预防和控制土壤侵蚀提供科学依据。研究区高程最低为 475m，最高为 2862m。缓坡大多位于 1000m 以下，而陡坡多位于 2500m 以上。因此，小于 1000m 和大于 2500m 的区域分别作为一个高程带。处于 1000～2500m 的区域以 250m 为间隔分为 6 个高程带。坡度利用 5°、8°、15°、25° 和 35° 分为 6 个带。通过分析每一个带上的土壤侵蚀状况，可以在三维空间上揭示最强侵蚀的位置，对于水土保持工作很有帮助。

对于 8 个高程带，与侵蚀风险的叠加分析结果如表 5.23 所示。1250～1500m 高程带具有最高的侵蚀风险，6160.24km² 的侵蚀面积占研究区总侵蚀面积的 34.72%。第二高的侵蚀风险区域是 1500～1750m 高程带，占研究区总侵蚀区域的 24.01%。第三高的侵蚀风险区域为 1000～1250m 高程带，占研究区总侵蚀面积的 21.42%。2000m 以上的三个高程带具有最低的侵蚀风险，仅占研究区总侵蚀面积的 0.75%。

表 5.23　不同高程带土壤侵蚀面积

高程带/m	总面积/km²	微度侵蚀		轻度侵蚀		中度侵蚀		强度侵蚀		极强侵蚀		剧烈侵蚀	
		面积/km²	比例/%	面积/km²	比例/%	面积/km²	比例/%	面积/km²	比例/%	面积/km²	比例/%	面积/km²	比例/%
<1000	9023.39	6922.12	76.71	563.37	6.24	1327.28	14.71	165.94	1.84	35.95	0.40	8.73	0.10
1000~1250	13540.38	9740.43	71.94	776.06	5.73	2429.12	17.94	496.59	3.67	85.95	0.63	12.23	0.09
1250~1500	12061.68	5901.44	48.94	1422.57	11.79	3897.72	32.31	703.69	5.83	120.80	1.00	15.46	0.13
1500~1750	6291.61	2032.68	32.32	1096.86	17.43	2764.77	43.94	363.96	5.78	29.22	0.46	4.12	0.07
1750~2000	2257.44	970.83	43.01	527.25	23.35	662.11	29.33	90.50	4.01	5.38	0.24	1.37	0.06
2000~2250	376.24	256.73	68.24	56.45	15.00	54.25	14.42	6.37	1.69	2.32	0.62	0.12	0.03
2250~2500	35.63	28.78	80.75	1.22	3.44	5.39	15.12	0.00	0.00	0.00	0.00	0.00	0.00
>2500	12.85	5.88	45.73	0.49	3.81	5.63	43.81	0.24	1.90	0.61	4.75	0.00	0.00
总计	43599.22	25858.89	59.31	4444.27	10.19	11146.27	25.57	1827.53	4.19	280.23	0.64	42.03	0.10

对于 6 个坡度带，与侵蚀风险的叠加分析结果如表 5.24 所示。8°~15°坡度带具有最高的侵蚀风险，侵蚀面积 6458.14km²，占研究区总侵蚀面积的 36.40%。第二高的侵蚀风险区域是 15°~25°坡度带，侵蚀面积 5851.14km²，占总侵蚀面积的 32.98%。第三高的侵蚀风险区域为 5°~8°坡度带，占总侵蚀面积的 20.07%。最低的侵蚀风险区域为低于 5°和高于 35°的坡度带，分别占总侵蚀面积的 0.02% 和 0.75%。

表 5.24　不同坡度带土壤侵蚀面积

坡度带/(°)	总面积/km²	微度侵蚀		轻度侵蚀		中度侵蚀		强度侵蚀		极强侵蚀		剧烈侵蚀	
		面积/km²	比例/%	面积/km²	比例/%	面积/km²	比例/%	面积/km²	比例/%	面积/km²	比例/%	面积/km²	比例/%
<5	21445.87	21442.62	99.98	0.00	0.00	0.00	0.00	0.00	0.00	0.00	0.00	3.25	0.02
5~8	3670.59	110.61	3.01	2042.02	55.64	1508.76	41.10	0.00	0.00	0.00	0.00	9.21	0.25
8~15	6959.58	501.46	7.21	1068.33	15.35	5377.09	77.26	0.00	0.00	0.00	0.00	12.70	0.18
15~25	7830.90	1979.76	25.28	1333.92	17.03	3141.44	40.12	1370.61	17.50	0.00	0.00	5.17	0.07
25~35	3266.73	1532.19	46.91	0.00	0.00	1033.88	31.65	452.14	13.84	245.75	7.52	2.77	0.08
>35	425.55	292.25	68.68	0.00	0.00	85.11	20.00	4.78	1.12	34.48	8.10	8.93	2.10
总计	43599.22	25858.89	59.31	4444.27	10.19	11146.27	25.57	1827.53	4.19	280.23	0.64	42.03	0.10

基于获得的土壤侵蚀空间格局，1250~1500m 高程带和 8°~25°的坡度带被推荐为重点治理区域。适当的水土保持措施应当布置在三个带的侵蚀严重的地方。1000~1250m 和 1500~1750m 高程带和 5°~8°的坡度带在将来的治理土壤侵蚀的项目中仅需要很少的资金投入。而其他区域则不需要资金投入，只要减少人类活动的干扰和控制合理的发展强度。这样一来，侵蚀治理区域的位置和面积将更具针对性，将来治理投入预算将更加合理，治理效果更加有效。

3）总结分析

基于研究结果可知，有多种方式可以降低侵蚀风险，如增加植被覆盖的生物措施，在大于 25°的坡度带内开展退耕还林还草措施，通过工程措施降低坡度。

植被覆盖是侵蚀模型中最为关键的因素，可以有效地控制土壤侵蚀。如研究所示，大于 2000m 的区域具有最低侵蚀风险，因为在这些区域很少有人类活动干扰植被的生长，土壤的抗侵蚀性强于其他区域；由于人类活动对植被干扰程度的增加必定提高侵蚀风险，1250~1500m 高程带具有最高的侵蚀风险。

另外，坡度毫无疑问也是土壤侵蚀风险最重要的决定因素之一（Bissonnais et al.，2002；Cohena et al.，2005；Kheir et al.，2006；Vrieling et al.，2006；Tian et al.，2008）。然而，大的坡度不一定导致高的侵蚀风险，研究表明最高的侵蚀风险出现在 8°~15°的坡度带。

5.3.3 小流域水土保持监测指标提取

小流域是土壤侵蚀研究的载体，也是水土保持监测领域最基本的地域单元。这一特殊尺度单元不仅具有相对独立的自然地理特征，更是承载社会经济、生态环境、人类干扰等多层次、多因子的复合体。以小流域为对象的管理则面向水土保持，以农业生产、生态环境可持续发展为目标，实现小流域的空间分异规律、属性特征、时间变化过程和内在规律的全息化描述，描述信息的集成存储、有机管理，综合分析、信息挖掘，从而全方位、多角度地表达出立体多维的小流域。在为宏观区域尺度水土保持服务的同时，将信息细化到水土保持措施的每一个地块单元，达到为水土保持微观服务的目的。本节以河北省蔚县宫家庄小流域为研究区，选择 2002 年 5 月 22 日的 QuickBird 影像和 2004 年 6 月 1 日 SPOT5 影像开展工作。小流域水土保持监测指标包括植被因子、地形因子、土地利用、开发建设项目、水土保持措施等。

1. 植被因子的提取

1）指标指数 NDVI

由 QuickBird 影像与 SPOT5 影像计算宫家庄小流域 NDVI，计算结果如图 5.25 所示。其中 2002 年 QuickBird 影像未完全覆盖小流域，则对覆盖区域而言，其 NDVI 统计最大值为 0.66，最小值为-0.18，平均值为 0.13；2004 年 SPOT5 影像计算 NDVI 最大值为 0.72，最小值为-0.51，平均值为-0.17。

NDVI 高值区域主要出现于黄土沟道和北部丘陵坡地；低值区域主要在裸露的河漫滩和耕地。分析其原因主要为黄土沟道中土壤质地和水分条件较好，生长着乔木林（主要为阔叶杨树）和乔木疏林，北部丘陵坡地生长着灌木丛。而由于本区域农业气候条件和物候特征，5 月、6 月耕地基本处于刚耕种未有作物植被、完全裸露的状态，而河床则呈干枯、裸露的形态，从而该区域 NDVI 值最低。

2）植被覆盖度

应用线性混合像元模型（LSMM）进行植被覆盖度的计算，研究中数据源影像为 QuickBird 和 SPOT5，两者空间分辨率在 2.5m 左右，而目标地物尺度，如耕地、林草

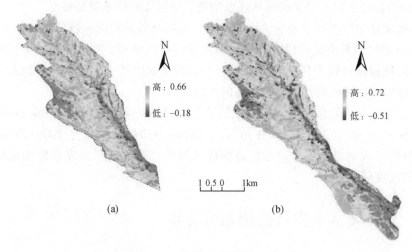

图 5.25　宫家庄小流域 NDVI

(a) 2002 年 QuickBird 计算 NDVI；(b) 2004 年 SPOT 计算 NDVI

地或煤矿等均大于这个尺度单元。因此可以从影像中寻找端元（endmember）代表值。以 QuickBird 影像和 SPOT5 影像为数据源计算宫家庄小流域植被覆盖度，如图 5.26 所示为计算结果及其统计特征值。

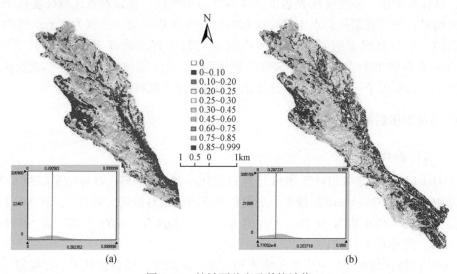

图 5.26　植被覆盖度及其统计值

(a) 2002 年 5 月 22 日植被覆盖度；(b) 2004 年 6 月 1 日植被覆盖度

　　计算结果表明 2002 年 5 月 22 日宫家庄小流域植被覆盖度平均值为 0.281，2004 年 6 月 1 日植被覆盖度平均值为 0.207。从而对比说明，2004 年较 2002 年植被覆盖度平均降低了 0.074。但在此需要考虑两者时空基准不一致，所以在对比分析时要考虑这两项因素。首先关于影像时相，由于 2002 年影像较 2004 年时相早，两者之间相差 8 天。研究区域地处河北坝上，5 月、6 月处于植被生长季节，时相较早的影像势必比较晚的同一传感器影像计算结果具有较低的植被覆盖度。

在保证空间范围相一致情况下,将2004年SPOT5计算结果减去2002年QuickBird计算结果,所得结果如图5.27所示。统计结果表明,2004年植被覆盖度较2002年低0.059,与上面计算结果差值相近。同时,如图5.27所示,差值图像平均值为−0.059,且差值主要集中于0值,说明2004年较2002年植被覆盖度在大部分区域基本没有变化。

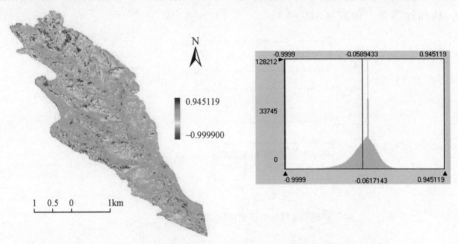

图5.27 2004年相对于2002年植被覆盖度差值及其统计特征值

计算精度的评价中,通常以均方根误差RMS和残余误差尽可能小,以及像元分解后的分量f,应满足$0 \leqslant f \leqslant 1$的标准,来衡量和评价端元选择的好坏与混合像元计算结果的精度。均方根误差RMS结果如图5.28所示,QuickBird计算RMS平均值为0.043,标准方差为0.034;SPOT5计算RMS平均值为0.052,标准差为0.043。通过对两误差图像特征分析,已基本不含有用信息,主要表现为由大气状况和遥感传感器等造成的噪声影响。

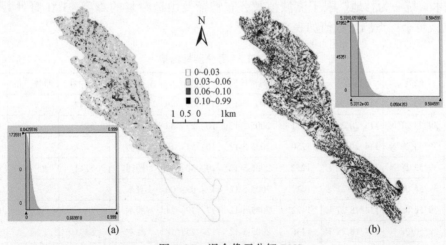

图5.28 混合像元分解RMS

(a) QuickBird分解RMS结果及其统计特征值;(b) SPOT5分解的RMS结果及其统计特征值

3）叶面积指数 LAI

采用实用易行的遥感经验统计模型反演方法，即建立植被指数与 LAI 之间的回归方程。计算 LAI 方法路线如图 5.29 所示，即首先明确研究区域典型植被类型，然后采用植被冠层分析仪野外实测各个典型植被的 LAI，然后在室内分析与 LAI 与不同植被指数之间的相关关系，选择相关性较好的植被指数，建立 LAI 与植被指数之间的相关关系式，从而计算整个研究区域的 LAI。

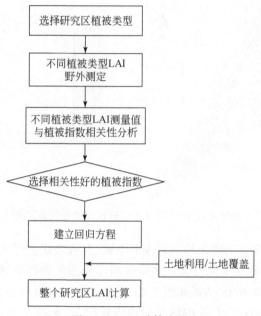

图 5.29　LAI 计算流程

考虑到本区域林地量较少、以灌木为主的特点，在此确定野外测量 LAI 时不分乔木、灌木，统一为林地。限于流域植被分布特征及山地测量的难度，LAI 野外共测量 18 个点，每个样点测量数值如表 5.25 所示。

表 5.25　LAI 野外测量结果

文件号	经度	纬度	高程/m	测量日期	测量时间	植被类型	照片号	照片方位	LAI
237	39°53′31″N	114°20′34″E	1218	2005-5-12	10：09：49	杨树	5242		1.22
238	39°53′27″N	114°20′29″E	1251	2005-5-12	10：27：32	杨树	5243		0.43
240	39°53′28″N	114°20′28″E	1250	2005-5-12	10：51：18	杨树			0.30
241	39°53′28″N	114°20′27″E	1252	2005-5-12	10：56：32	杨树	5244		0.84
242	39°56′06″N	114°18′27″E	1417	2005-5-12	17：09：00	灌木			1.09
243	39°56′08″N	114°18′27″E	1422	2005-5-12	17：19：21	灌木			0.93
244	39°56′08″N	114°18′27″E	1436	2005-5-12	17：25：18	灌木	5273		1.94
245	39°56′01″N	114°18′27″E	1441	2005-5-12	17：35：18	灌木	5274	西南	0.98
246	39°56′02″N	114°18′25″E	1427	2005-5-12	17：47：18	灌木			1.12

文件号	经度	纬度	高程/m	测量日期	测量时间	植被类型	照片号	照片方位	LAI
247	39°55′36″N	114°18′55″E	1407	2005-5-12	18：12：18	灌木	5292		1.56
248	39°55′35″N	114°18′54″E	1330	2005-5-12	18：18：24	灌木	5293	西北	1.22
249	39°55′33″N	114°18′58″E	1300	2005-5-12	18：32：20	灌木	5294	河岸西	1.13
250	39°55′28″N	114°19′05″E	1301	2005-5-12	18：44：20	灌木	5295	西北	0.60
251	39°55′28″N	114°19′04″E	1302	2005-5-12		灌木	5296	西北	1.61
252	39°53′57″	114°19′40″	1339	2005-5-13	9：10：52	杨树		沿沟道	1.73
253	39°53′59″	114°19′40″	1331	2005-5-13	9：22：45	杨树		沿沟道	1.01
254	39°53′59″	114°19′39″	1317	2005-5-13	9：32：46	杨树		沿沟道	1.66
255	39°54′09″	114°19′20″	1324	2005-5-13	10：00：26	杨树		沿沟道	0.49
256	39°54′08″	114°19′18″	1351	2005-5-13	10：10：00	杨树		沿沟道	0.70

将 LAI 与归一化植被指数 NDVI 和比值植被指数 SR 进行回归分析，在置信度在 95% 以上时，LAI 与 NDVI 之间的 R^2 为 0.64，LAI 与 SR 之间的 R^2 为 0.75。表明 SR 较 NDVI 与 LAI 之间的相关性高。因此本研究中选择 SR 计算 LAI，结果如图 5.30 所示。

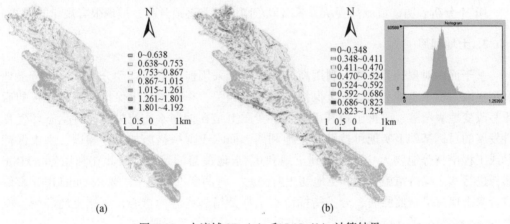

图 5.30　小流域 SR（a）和 LAI（b）计算结果

利用对数统计模型计算目标小流域 LAI，实际存在的问题是，由于目标小流域植被覆盖度低，叶面积指数平均很小，流域测量 LAI 所得最大值也仅为 1.94，对应最大 NDVI 为 0.32。这样植被指数或 LAI 值均很低，对于指数模型而言，未达到其上升缓慢的阶段。从而采用对数模型时会造成对研究区内 LAI 低值的拉伸、高值的压缩。

2. 地形因子的提取

以 1∶5 万 DEM 为数据源，生成目标区域坡度图和坡向图，计算结果如图 5.33（a）和（b）所示。沟壑密度提取主要包括沟壑线提取和沟壑密度计算两个过程，在沟壑线提取过程中，采用 DEM 数据和遥感影像两种数据相结合的方法。在沟壑密度计算过程中，采用滑动窗口计算方法，对于每一个求算点，搜索其邻域内的沟壑线长度，求算其长度和，然后除以邻域面积，即得到沟壑密度，如图5.31（d）所示。

图5.31　宫家庄小流域地形因子
(a) 坡度；(b) 坡向；(c) DEM；(d) 沟壑密度

计算结果统计表明，宫家庄小流域就坡度因子而言，平均坡度为10.5°，最大坡度达47.6°，最小坡度为0°，坡度标准差为7.6°；流域内沟壑密度平均为3.9km/km²，最大达到5.2km/km²，标准差为0.7km/km²。

DEM分析表明，流域高程从流域出口东南向西北逐渐升高，呈现很有规律的形式。

3. 土地利用

基于面向对象分类方法，利用高分辨率影像采用遥感影像自动分类方法进行土地利用提取。由于土地利用与水土保持措施紧密相关，小流域水土保持治理最直接的后果是改变地表覆盖、改善土地利用方式，实质上是在抑制水土流失、保持生态环境良性发展的目标基础上实现可持续的土地利用。而水土保持措施如旱作梯田、水土保持林或工程措施等地物无一不被归到土地利用/土地覆盖的范畴。因此在利用 QuickBird 影像进行水土保持措施监测和土地利用监测时，将两者结合起来。采用 QuickBird 影像进行水土保持措施监测时，分类指标以水土保持措施内容为重心，兼顾土地利用，取两者最为细节分类，待分类完毕，再进行类别合并及信息提取。

采用面向对象的影像自动分类方法，建立包括水土保持措施与土地利用相结合的分类系统，在此基础上获取目标小流域含有土地利用信息和水土保持信息的分布图。经过类型合并和要素提取，获得目标小流域2002年5月22日土地利用现状图。由于 QuickBird 影像未完全覆盖研究区域，在进行分类时将缺失部分由同时期的 TM 影像补充，以保证土地利用信息的完整性。结果如图5.32所示。

土地利用监测结果统计表明，宫家庄小流域2002年土地利用复杂多样，地块破碎，涉及类型达24个。这主要表现为流域内占主导类型的土地利用方式也仅为流域总面积的百分之十几。其中以水平梯田为主导类型，占流域总面积的17%；一般梯田占据6%，可监测到的田埂面积为1%，梯田总面积达24%。而对土壤侵蚀贡献很大的坡耕地占了流域总面积的4%。从而耕地总面积占了流域面积的约1/3。由于水土保持措

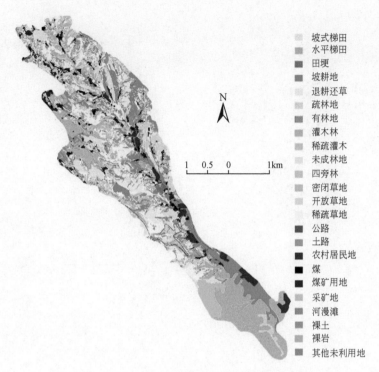

图例:
坡式梯田
水平梯田
田埂
坡耕地
退耕还草
疏林地
有林地
灌木林
稀疏灌木
未成林地
四旁林
密闭草地
开放草地
稀疏草地
公路
土路
农村居民地
煤
煤矿用地
采矿地
河漫滩
裸土
裸岩
其他未利用地

图 5.32　2002 年宫家庄小流域土地利用图

施的实施，坡耕地退耕情况也存在，其面积大约占流域总面积的 2%。

　　林地面积占据流域总面积的 12% 左右，草地面积为 29%，其中大部分为稀疏草地。总体表明，林草地面积在流域整体比例较低。

　　流域内未利用土地面积占 20%，主要包括裸土地、裸岩、河滩沟床等，同时还有荒草地面积近 20%。

4. 开发建设项目监测

　　流域开发建设项目监测从其监测内容上属于土地利用监测中工矿建筑用地类型，因此将流域开发建设项目监测结合于土地利用遥感信息提取过程中，最后从土地利用监测结果中提取出开发建设项目这一层信息。监测结果如图 5.33 所示。

　　宫家庄小流域开发建设项目遥感监测结果表明，小流域开发建设很多，以煤矿和采矿为主，其中煤矿开采依然严重，采矿相对较少，并且野外调查发现采矿主要发生于 20 世纪 80 年代，目前主要是采矿后遗留的风化严重的裸露岩石。其中煤矿用地以煤堆、煤矿占地、煤矿周边建设房屋用地和废弃煤矿等为主。监测结果统计表明，煤矿和采矿区域占据了流域总面积的 5%。

5. 水土保持措施

　　如前所述，水土保持措施实质上是保证生态环境向良性方向发展的特殊的土地利用方式，只是水土保持更关注于生态环境可持续发展，要求信息描述空间分辨率更高，

开发煤矿
开采矿石
小流域边界

0.6 0.3 0　　0.6km

图 5.33　小流域开发建设项目监测结果

更精确。因此水土保持措施监测与土地利用监测相结合，以 QuickBird 影像为数据源，结合其他辅助信息，采用面向对象的分类方法，提取目标信息。但由于水土保持措施信息的特殊性，水土保持措施无法直接通过地物表现进行监测等，需要根据辅助信息具体分析。通过面向对象自动分类技术、小流域治理规划，以及竣工验收图件与野外观测获取宫家庄小流域水土保持措施监测结果，如图 5.34 所示。

水土保持措施监测结果表明，小流域水土保持措施以农业措施和生物措施为主，没有工程措施。其中农业措施以梯田为主，同时还有退耕还草，但面积较小。在生物措施方面以水土保持灌木林为主。

6. 小流域水土保持监测验证

对于目标小流域基于遥感监测方法获取的各指标监测因子，由于各指标提取方法的不同及指标因子的特点，对其进行验证的必要性不同。进行野外验证主要针对通过遥感影像进行分类得到的信息，因此本研究验证的主要对象是土地利用和水土保持措施，这也是野外采样的主要内容。野外采样点共 48 个，主要用来验证小流域土地利用监测结果和用于调查不能从影像获取的水土保持治理措施信息。将野外样点与土地利用结果进行对比，建立混淆矩阵，得到土地利用监测的总体精度为 96%，其中两个误

坡式梯田
水平梯田
水保稀疏乔木
水保乔木
水保灌木林
水保稀疏灌木
其他水保林
防护林网
水保密闭草地
水保开放草地
水保稀疏草地
小流域边界

N

1　0.5　0　　　1km

图 5.34　水土保持措施监测结果

分出现在小流域北部以灌木为主的区域样点；将灌木林分为乔木林。

　　总体来讲，基于高分辨率的遥感影像 QuickBird 进行土地利用和水土保持措施监测，对于不同类型梯田、不同级别道路、退耕还林还草等监测精度达到 100%；对于开发建设监测，不但可监测到开发建设项目中工矿生产所占用的土地，而且可监测到用地的不同性质，如小流域大量的煤矿用地，不但可监测其煤矿开采所占用的土地，而且还可监测到煤矿开采出来的煤堆，同时也可分辨已废弃或未生产的煤矿用地，而且监测精度同样达到 100%。因此，基于高分辨率的遥感影像不但可监测流域微观土地单元信息，还可为水土保持预防监督进行开发建设项目的监测。

参 考 文 献

卜兆宏，孙金庄，周伏建，等 . 1997. 水土流失定量遥感方法及其应用的研究 . 土壤学报，34（3）：235-245.

蔡崇法，丁树文，史志华 . 2000. 应用 USLE 模型与地理信息系统 IDRISI 预测小流域土壤侵蚀量的研究 . 水土保持学报，14（2）：19-24.

傅伯杰，汪西林 . 1994. DEM 在研究黄土丘陵沟壑区土壤侵蚀类型和过程的应用 . 水土保持学报，8（3）：17-21.

黄志霖，陈利顶，傅伯杰 . 2004. 半干旱黄土丘陵沟壑区不同植被类型减蚀效应及其时间变化 . 中国水利，1（20）：38-40.

李晓松，吴炳方，王浩 . 2011. 区域尺度海河流域水土流失风险评估 . 遥感学报，15（2）：372-387.

刘和平，袁爱萍，路炳军，等．2007. 北京侵蚀性降雨标准研究．水土保持研究，14（1）：215-217.

马志尊．1989. 应用卫星影象估算通用土壤流失方程各因子值方法的探讨．中国水土保持，（3）：24-27.

孙保平，赵廷宁，齐实，等．1990. USLE 在西吉县黄土丘陵沟壑区的应用．水土保持研究，（2）：50-58.

王万忠．1984. 黄土地区降雨特性与土壤流失关系的研究Ⅲ——关于侵蚀性降雨的标准问题．水土保持通报，2：58-63.

王万忠，焦菊英．1996. 中国的土壤侵蚀因子定量评价研究．水土保持通报，16（5）：1-20.

许月卿，彭建．2008. 贵州猫跳河流域土地利用变化及其对土壤侵蚀的影响．资源科学，30（8）：1218-1225.

许月卿，蔡运龙，彭建．2008. 土壤侵蚀变化的土壤侵蚀效应评价．北京：科学出版社．

詹小国，谭德宝，朱永清，等．2001. 基于 RS 和 GIS 的三峡库区水土流失快速动态监测研究．长江科学院院报，18（2）：41-44.

张光辉，梁一民．1996. 植被盖度对水土保持功效影响的研究综述．水土保持研究，3（2）：104-110.

张兴昌，邵明安，黄占斌，等．2000. 不同植被对土壤侵蚀和氮素流失的影响．生态学报，20（6）：1038-1044.

章文波，付金生．2003. 不同类型雨量资料估算降雨侵蚀力．资源科学，25（1）：35-41.

中华人民共和国水利部．1997. 土壤侵蚀分类分级标准（SL 190—1996）．

Beskow S, Mello C R, Norton L D. 2009. Soil erosion prediction in the Grande River Basin, Brazil using distributed modeling. Catena, 79（1）：49-59.

Bissonnais L B, Montier C, Jamagne M, et al. 2002. Mapping erosion risk for cultivated soil in France. Catena, 46（2）：207-220.

Cohena M J, Shepherdb K D, Walshb M G. 2005. Empirical reformulation of the universal soil loss equation for erosion risk assessment in a tropical watershed. Geoderma, 124（3）：235-252.

Deng Z Q, DeLima J L M P, Jung H S. 2009. Sediment transport rate-based model for rainfall-induced soil erosion. Catena, 76（1）：54-62.

Eswaran H, Lal R, Reich P F. 2001. Land degradation: an overview. In: Response to Land Degradation. Enfield, NH, USA: Science Publishers Inc.

Fan H M. 2008. Study on the zonation differentiation of soil erosion and the model of soil and water conservation in northeast China. Research of Soil and Water Conservation, 17（5）：449-458.

Gilley J E, Risse L M. 1999. Runoff and soil loss as affected by the application of manure. Transaction of the Asae, 42（6）：1583-1588.

Gitelson A A, Merzlyak M N, Grits Y. 2002. Novel algorithms for remote estimation of vegetation fraction. Remote Sensing of Environment, 80（1）：76-87.

Hancock G R. 2009. A catchment scale assessment of increased rainfall and storm intensity on erosion and sediment transport for Northern Australia. Geoderma, 152（3）：350-360.

Hsieh Y P, Grant K T, Bugna G C. 2009. A field method for soil erosion measurements in agricultural and natural lands. Journal of Soil and Water Conservation, 64（6）：374-382.

Jurgens C, Fander M. 1993. Soil erosion assessment by means of LANDSAT-TM and ancillary digital data in relation to water quality. Soil Technology, 6（3）：215-223.

Kheir R B, Cerdan O, Abdallah C. 2006. Regional soil erosion risk mapping in Lebanon. Geomorphology, 82（3）：347-359.

Knijff J M V D, Jones R J A, Montanarella L. 2000. Soil erosion risk assessment in Italy. Man and Soil at the Third Millennium International Congress of the European Society for Soil Conservation, 1903-1917.

Liu B Y. 1994. Slope gradient effects on soil loss for sleep slopes. Transactions of the ASAE, 37 (6): 1835-1840.

Liu J X, Liu S G, Tieszen, et al. 2007. Estimating soil erosion using the USPED model and consecutive remotely sensed land cover observations. Summer Computer Simulation Conference, 16.

Ma J W. 2003. A data fusion approach for soil erosion monitoring in the Upper Yangtze River Basin of China based on Universal Soil Loss Equation (USLE) model. International Journal of Remote Sensing, 24 (23): 4777-4789.

McCool D K, Foster G R, Mutchler C K, et al. 1989. Revised slope length factor for the universal soil loss equation. Transactions of Asae, 30 (5): 1387-1396.

Mutekanga F P. 2010. A tool for rapid assessment of erosion risk to support decision-making and policy development at the Ngenge watershed in Uganda. Geoderma, 160 (2): 165-174.

Renard K G, Foster R, Weesies G, et al. 1997. Predicting soil erosion by water: a guide to conservation planning with the Revised Universal Soil Loss Equation. Agricultural Handbook, 703: 1-367.

Stroosnijder L. 2005. Measurement of erosion: is it possible? Catena, 64 (2): 162-173.

Tian Y C, Zhou Y M, Wu B F, et al. 2008. Risk assessment of water soil erosion in upper basin of Miyun Reservoir, Beijing, China. Environmental Geology, 57 (4): 937-942.

Vander Knijff J M, Jones R J A, Montanarella L. 2000. Soil Erosion Risk Assessment in Europe, EUR 19044 EN. Hannover: European Soil Bureau: 34.

Vrieling A, Sterk G, Vigiak O. 2006. Spatial evaluation of soil erosion risk in the West Usambara Mountains, Tanzania. Land Degradation & Development, 17 (3): 301-319.

Vrieling A, de Jong S M, Sterk G, et al. 2008. Timing of erosion and satellite data: A multi-resolution approach to soil erosion risk mapping. International Journal of Applied Earth Observation and Geoinformation, 10 (3): 267-281.

Wang X D, Zhong X H, Fan J R. 2005. Spatial distribution of soil erosion sensitivity on the Tibet Plateau. Pedosphere, 15 (4): 465-472.

Wang W Z. 1983. Study on the relations between rainfall characteristics and loss of soil in loess region. Bulletin of Soil and Water Conservation, 3 (4): 7-13.

Wishmeier W H, Johnson C B, Cross B V. 1971. A soil erodibility nomograph for farmland and construction sites. Journal of Soil and Water Conservation, 26: 189-193.

Xie Y, Liu B, Nearing M A. 2002. Practical thresholds for separating erosive and non-erosive storms. Transactions of the ASAE, 45 (6): 1843-1847.

Xing Z R, Feng Y G, Yang G J. 2009. Method of estimating vegetation coverage based on remote sensing. Remote Sensing Technology and Application, 24 (6): 849-854.

Xu Y Q, Cai Y L, Peng J. 2008. The effects of land use changes on soil erosion: a case study of the Karst mountainous area in Southwest China. Beijing: Science Press.

Zhang S G, Li Y P, Cheng Y D, et al. 2002. Soil erosion and its improvement in Huangjiang reservoir area in Guangdong province. Journal of Sediment Research, 23 (5): 76-80.

Zhang X W, Wu B F, Li Q Z. 2007. Research on classification of high-resolution remote sensing image. In: MIPPR 2007: Automatic Target Recognition and Image Analysis; and Multispectral Image Acquisition. Bellingham WA, US: SPIE-The International Society for Optical Engineering.

Zhang X W, Wu B F, Lin F. 2010. Identification of priority areas for controlling soil erosion. Catena, 83 (1): 76-86.

Zhou W, Wu B. 2005. Soil erosion estimation of the upriver areas of Miyun Reservoir located on the Chaobai River using remote sensing and GIS. Transactions of the Chinese Society of Agricultural Engineering, 21 (10): 46-50.

第 6 章　流域综合评估

6.1　自然与人类活动对流域水文系统影响的定量评价

6.1.1　水利工程建设的水文生态影响分析

采用高、中分辨率卫星遥感技术及野外调查手段，获取了流域内 1964 年、1980 年和 2004 年三个不同时期的水利工程变化信息，分析了不同时期水利工程建设的水文生态影响（Lu et al.，2012）。其中，水利工程变化信息以三期高空间分辨率卫星遥感数据为基础采用人机交互的方式解译获取，包括 1964 年的 CORONA KH-4A（重采样空间分辨率为 7.5m）、1980 年 CORONA KH-9（重采样空间分辨率为 9m）侦察卫星照片及 2004 年 SPOT 5 2.5m 空间分辨率假彩色合成影像。水利工程对河流水文生态过程的影响则从河道连通性、水流连续性、河流下渗、水面蒸发和生物多样性变化等方面进行分析。

河道连通性（R_{con}）是反映河流栖息地功能作用的关键指标，通过计算各水系中已建大坝、河道上橡胶坝、丁坝等小型蓄水工程数量的总和（D_n）与河道总长度（R_l）来衡量，其计算公式如下：

$$R_{con} = D_n / R_l \qquad (6.1)$$

水流连续性（F_{con}）是河流生态系统水文连续性、营养物质输移和生物群落连续性的基础，用有水河道长度（W_l）与河道总长度（R_l）的比值来描述：

$$F_{con} = W_l / R_l \qquad (6.2)$$

河流水面变化引起的下渗量变化值采用以下公式进行计算：

$$\Delta S = S_1 - S_2 \qquad (6.3)$$

$$\Delta V = 365 \times \Delta S \times \delta \times t \qquad (6.4)$$

式中，ΔS 为两个不同时期河流水面面积的变化量；S_1、S_2 分别为起始和终止时间的河流水面面积（km^2）；ΔV 为河流水面面积变化导致的下渗量的变化值（m^3）；δ 为渗透系数（m/a）；t 为计算时间段（a）。

此外，水库水面面积变化引起的蒸发损失量采用式（6.5）进行计算：

$$\Delta E = \Delta S \times E \times t \quad (E>0) \qquad (6.5)$$

式中，ΔE 为年平均水面蒸发变化量（m^3）；ΔS 为不同时期水库水面面积的变化量（km^2），采用式（6.3）进行计算；E 为 E601 蒸发皿年平均蒸发量，蒸发皿与真实水面蒸发转换系数为 0.7±0.2（Tweed et al.，2009）；t 为计算时间段（a）。

1. 水利工程建设变化分析

　　研究区三期水利工程统计结果表明，1964～2004 年以来，海河流域水利工程数量急剧增加。水库数量由 1964 年的 462 座增加至 2004 年的 1287 座，其中，1964～1980年增加 446 座，增加的 2 座大型水库为云州和朱庄水库。1980 年以后增加 379 座，大型水库无增加。水库主要分布在山区，1964 年、1980 年、2004 年 3 个时期，山区水库分别占总水库数量的 90.0%、97.0%、96.8%。水闸数量急剧增加的时间为 1980 年以后（表 6.1），且大部分分布在平原区域。

表 6.1　研究区 1964 年、1980 年、2004 年水利工程建设情况

年份	水库/座				水坝/座				水闸/座	总计
	大型	中型	小型	小计	水库坝	拦河坝	橡胶坝	小计		
1964	24	39	399	462	475	11	0	486	33	981
1980	26	77	805	908	865	12	0	877	69	1854
2004	26	107	1154	1287	1170	346	59	1575	481	3343

2. 水利工程建设的水文影响分析

1) 改变河川径流量

　　1964～2004 年，海河流域多年平均水面蒸发量为 1100mm，多年平均降水量为539mm，蒸发量远大于降水量。在这种情况下，水利工程的建成蓄水就意味着要减小河川径流。海河水利委员会海河流域水土保持监测中心站资料显示，1960 年密云水库建成蓄水后，其下游苏庄站来水量由年平均 29.3 亿 m³ 减少为 9.5 亿 m³，减少量达67.7%。流域内其他子流域的天然年平均径流量的变化同样直接受其上游水利工程修改的影响。图 6.1 中永定河、大清河南支、大清河北支、滹沱河和滏阳河等子流域的天然径流量的显著变化时间与各子流域上的主要水利工程建设时间完全一致。其中，永定河流域径流量的变化主要与 1951～1954 年官厅水库有关，大清河北支和南支分别受控于 1958～1960 年修建的王快水库和西大洋水库，滹沱河流域主要受其上游 1958～1959 年修建的黄壁庄水库和岗南水库的影响，而滏阳河流域则主要受控于 1958～1959年修建的东武仕水库（表 6.2）。

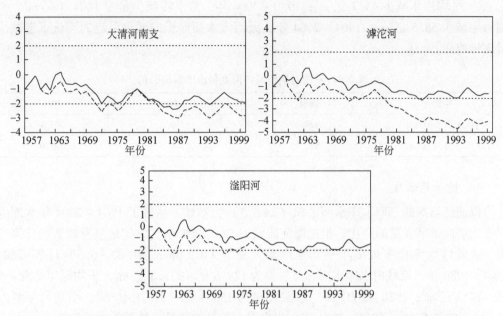

图 6.1　采用 Mann-Kendll 方法获得的永定河、大清河北支、大清河南支、滹沱河和滏阳河子
流域实测降水量及天然径流量的变化趋势（刘春蓁等，2004）

实线为年降水量、虚线为天然年径流量，图纵轴为 M-K 法计算的 U (dk) 分布

表 6.2　海河流域典型子流域主要水利工程及其建设时间

流域	水利工程	建设时间
永定河	官厅水库	1951～1954 年
大清河北支	西大洋水库	1958～1960 年
大清河南支	王快水库	1958～1960 年
滹沱河	黄壁庄水库、岗南水库	1958～1959 年
滏阳河	东武仕水库	1958～1959 年

2）减少年输沙量

大量水利工程修建完成后，在蓄积大量水资源的同时，也拦截了大量泥沙。刘世海和胡春宏（2004）研究表明，截至 2000 年，官厅水库上游大部分小型水库已经或者即将淤满，总的淤积量为 1.47 亿 m^3，而大中型水库的泥沙淤积量达 4.41 亿 m^3。而 1960 年密云水库建成蓄水后，其下游苏庄站实测来沙量由年平均 907.8t 减少为 40.7t，减少量达 95.5%。

3）减少河流下渗

参照前人研究（范晓梅等，2008；胡俊锋等，2009），河床平均渗透系数范围为 0.0347～0.21m/d。本研究取最小平均渗透系数 0.0347m/d，根据表 6.3 中三期河流水面面积提取结果，利用式（6.3）、式（6.4），估算了流域内不同时期河流水面变化导致的下渗量的变化：1964～1980 年，河流水面面积减小引起的总下渗减少量为 730.9

亿 m³, 平均每年减少 45.7 亿 m³; 1980 ~ 2004 年, 总下渗减少量为 1404.4 亿 m³, 平均每年减少 58.5 亿 m³。1964 ~ 2004 年, 因河流水面面积的减少引起的河流下渗减少量逐年增加。

表 6.3　不同时期流域内河流和水库水面面积

年份	1964	1980	2004
河流水面面积/km²	1928.1	1249.2	362.1
水库水面面积/km²	1582.9	1348.8	985.0

4) 增加蒸散发

以遥感监测的三期水库水面面积 (表 6.3) 为基础, 估算了 1964 ~ 2004 年水库水面变化引起的蒸发量的变化。根据海河流域 1952 ~ 2001 年气象测站蒸发皿数据计算可得, 流域内水库分布区多年平均水面蒸发量为 1102.0mm。由式 (6.5) 计算可知, 1964 ~ 1980 年, 流域内水库水面总蒸发量为 128.6 亿 ~ 231.5 亿 m³, 平均每年蒸发 8.0 亿 ~ 14.5 亿 m³; 1980 ~ 2004 年, 总蒸发量为 153.3 亿 ~ 276.0 亿 m³, 平均每年蒸发 6.4 亿 ~ 11.5 亿 m³。1964 ~ 2004 年, 水库水面年平均蒸发量呈逐年递减趋势。

3. 水利工程建设的生态影响分析

1) 改变河道连通性

1964 ~ 2004 年, 永定河、潮白河、大清河、子牙河和漳卫河水系河道连通性和水流连续性均逐渐变差。其中, 1980 年以前, 河道连通性排序为永定河<子牙河<潮白河<大清河、漳卫河, 而到 2004 年时, 连通性最差的为潮白河, 其次为永定河、漳卫河、子牙河及大清河; 永定河与潮白河水流连续性 1980 年以前明显变差, 后趋于稳定, 而大清河、子牙河及漳卫河水流连续性变差的时期为 1980 年以后 (表 6.4)。

表 6.4　海河水系河道连通性、水流连续性变化参数

年份	水系	河道连通性				水流连续性		
		水库/座	水坝/座	水闸/座	总计/座	干涸长度/km	河道总长度/km	断流百分比/%
1964	永定河	7	9	0	16	167.6	919.5	18.23
	潮白河	2	4	2	8	91.3	776.5	11.75
	大清河	2	1	2	5	25.7	474.1	5.50
	子牙河	7	5	0	12	2.2	1166.3	0.19
	漳卫河	2	2	1	5	254.0	1336.5	19.01
1980	永定河	19	15	9	43	300.3	919.5	32.66
	潮白河	3	3	13	19	218.8	776.5	28.17
	大清河	2	2	14	18	54.8	474.1	11.55
	子牙河	9	8	5	22	236.4	1443	16.38
	漳卫河	2	4	4	10	187.6	1336.5	14.03

续表

年份	水系	河道连通性				水流连续性		
		水库/座	水坝/座	水闸/座	总计/座	干涸长度/km	河道总长度/km	断流百分比/%
2004	永定河	33	51	20	104	309.1	919.5	33.62
	潮白河	16	57	32	105	160.0	776.5	20.60
	大清河	3	3	44	50	244.1	474.1	51.49
	子牙河	9	23	42	74	495.3	1443	34.33
	漳卫河	6	35	43	84	887.5	1336.5	66.41

注：参与分析的各水系的子流域：永定河水系（永定河、永定新河、洋河、桑干河、妫水河）、潮白河水系（潮白河、潮河、白河、潮白新河）、大清河水系（大清河、独流减河、海河、白沟河、中亭河、赵王新河、漕河）、子牙河水系（滹沱河、滏阳河、子牙河）、漳卫河水系（漳卫新河、卫运河、漳河、浊漳河、清漳河、卫河、南运河）

2）生物多样性消失

水利工程建设引起的河道流量变化甚至干涸，使水生动植物失去了生存的条件，大量的水生物种灭绝。以七里海湿地为例，湿地区在 20 世纪 60 年代以前是降海性和溯河性鱼虾良好的产卵场，原有鱼虾蟹类 30 余种。其中，终生淡水鱼类主要有鲤鱼、鲫鱼、草鱼、翘嘴红、乌鳢、鲇鱼、黄颡、黄鳝等，溯河性鱼类主要有鲚鱼、银鱼等；降海性鱼类主要有鲈鱼、鳗鲡等。自 20 世纪 60 年代末 70 年代初，建防潮闸开挖潮白新河切断了鱼虾蟹的生殖洄游通道后，溯河性和降海性鱼蟹类逐年减少，直至 20 世纪 70 年代中期完全灭绝。潮白新河的开挖造成了七里海的干枯，使得终生淡水的鱼虾类野生环境不复存在（王祖伟等，2005）。而流域内有华北明珠之称的白洋淀湿地，受上游水利工程拦水及调水影响，经历了数次干淀和重新蓄水，致使鱼类种类和数量发生了巨大的变化。赵春龙等（2007）的研究结果表明，1958～2007 年，白洋淀鱼类组成数量在 1998 年以前急剧减少，之后呈缓慢增加趋势（图 6.2）。此外，下游河道的断流，使得鳗鲡目的鳗鲡鱼、鲻形目鲻科的梭鱼、鲈形目的鲈鱼、纯形目纯科的暗纹东方纯等溯河性鱼类逐渐消亡。

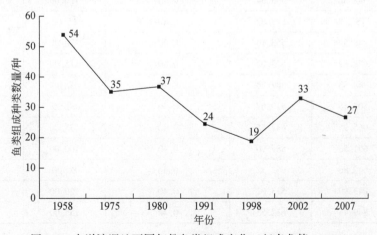

图 6.2   白洋淀湿地不同年份鱼类组成变化（赵春龙等，2007）

6.1.2　人类活动与气候变化对流域水文系统影响的定量评价

受流域内不同时期治理工程和区域气候变化的双重影响，流域水文系统发生了巨大变化。

1）海河流域上游山区水文系统变化及影响因素

流域上游水平衡方程可表述如下：

$$P = ET + Q_o + C + \Delta S \tag{6.6}$$

式中，P 为降水量；ET 为地表蒸散发；Q_o 为出境流量；C 为工业生产和生活耗水量；ΔS 为蓄变量。

Lu 等（2015）利用流域上游 1958~2008 年实测降水、出境流量数据，以及 1984~2008 年遥感蒸散发数据、1958~1983 年模拟蒸散发数据和人口经济统计数据，估算了区域内 1958~2008 年蓄变量（表6.5）。

表6.5　上游山区水平衡　　　　　　（单位：亿 m³）

年份	降水量	地表蒸散发	工业生产和生活耗水量	出境流量	蓄变量
1958	860.51	602.79	0.40	220.00	37.32
1959	1034.98	610.23	0.40	340.00	84.35
1960	687.25	625.11	0.40	120.00	−58.26
1961	835.23	669.76	0.40	130.00	35.07
1962	665.83	595.34	0.40	230.00	−159.91
1963	884.75	625.11	0.40	320.00	−60.76
1964	1058.18	580.46	0.40	300.00	177.32
1965	462.90	639.99	0.40	105.00	−282.49
均值	811.20	618.60	0.40	220.63	−28.42
1966	785.76	632.55	0.40	90.00	62.81
1967	942.82	595.34	0.40	120.00	227.08
1968	1181.20	573.02	0.40	65.00	542.78
1969	848.59	558.14	0.40	130.00	160.05
1970	678.69	573.02	0.40	115.00	−9.73
1971	768.33	587.90	0.40	80.00	100.03
1972	502.18	617.67	0.40	60.00	−175.89
1973	965.95	632.55	0.40	135.00	198
1974	651.53	587.90	0.40	100.00	−36.77
1975	642.86	662.32	0.40	80.00	−99.86
1976	843.99	573.02	0.40	120.00	150.57
1977	849.75	632.55	0.40	155.00	61.8

年份	降水量	地表蒸散发	工业生产和生活耗水量	出境流量	蓄变量
1978	766.38	647.44	0.40	120.00	−1.46
均值	802.16	605.65	0.40	105.38	90.72
1979	761.11	617.67	0.40	115.00	28.06
1980	616.49	610.23	0.42	40.00	−34.16
1981	614.15	617.67	0.47	20.00	−23.99
1982	721.50	662.32	0.53	38.00	20.65
1983	699.95	654.88	0.60	15.00	29.47
1984	569.53	658.63	0.69	22.00	−111.79
1985	771.65	630.23	0.78	20.00	120.64
1986	583.46	657.53	0.90	40.00	−114.97
1987	704.45	674.95	1.02	30.00	−1.52
1988	792.06	679.84	1.17	48.00	63.05
均值	683.44	646.395	0.70	38.80	−2.46
1989	665.54	680.63	1.33	25.00	−41.42
1990	863.75	607.05	1.50	46.00	209.20
1991	732.95	745.18	1.69	48.00	−61.92
1992	672.44	639.22	1.89	15.00	16.33
1993	617.18	639.22	2.10	25.00	−49.14
1994	775.90	743.1	2.29	75.00	−44.49
1995	834.97	621.35	2.45	70.00	141.17
1996	854.23	642.45	2.55	95.00	114.23
1997	483.34	637.32	2.55	30.00	−186.53
1998	821.23	738.54	2.40	29.00	51.29
1999	528.84	578.28	2.01	10.00	−61.45
2000	680.33	677.26	1.26	29.51	−27.70
均值	710.89	662.47	2.00	41.46	4.96
2001	557.54	755.51	1.53	15.14	−214.63
2002	603.57	579.9	1.87	16.37	5.43
2003	782.03	714.2	2.30	13.11	52.42
2004	738.30	605.97	2.84	20.19	109.30
2005	664.91	590.36	3.52	5.10	65.93
2006	609.40	611.41	4.37	21.08	−27.46
2007	689.44	629.2	5.45	3.35	51.44
2008	744.88	676.96	6.81	23.08	38.03
均值	673.76	645.44	3.59	14.68	10.06

1958～2008 年，区域降水量呈递减趋势，减少率达 16.94%；地表蒸散发呈增加趋势，增长率为 4.34%；工业生产和生活耗水量呈快速增长趋势，增长率达 797.50%，但总量较小；出境流量变化显著，减少率达 93.35%；蓄变量保持平衡状态，略有盈余，但受降水影响，起伏变化明显减小（图 6.3）。

1958～1965 年，区域降水量丰富，出境流量大，年平均达 220.63 亿 m³，但由于 1965 年降水量极少，单年蓄变量亏缺 282.49 亿 m³，也使得区域年平均蓄变量亏缺 28.42 亿 m³。

1966～1978 年，在年平均降水量和地表蒸散发量分别减少 1% 和 2% 的情况下，区域多年平均蓄变量为 90.72 亿 m³，出境流量减少了 115.24 亿 m³，减少率达 52%，这一变化主要受水利工程蓄水增加影响。

1979～1988 年，年平均降水量减少 15%，地表蒸散发量增加 8%，在两者共同作用下，年平均蓄变量由前一阶段的 90.72 亿 m³ 减少为 -2.46 亿 m³，净减少 93.18 亿 m³，而年平均出境流量减少 66.58 亿 m³，减少率为 63.2%。降水量减少和地表蒸散发增加对出境流量变化的影响分别占 74.3% 和 25.5%，气候变化的影响占主导。

1989～2000 年，年平均地表蒸散发量增加了 16.07 亿 m³，年平均降水量同步增加了 27.46 亿 m³，增加的降水量中，地表蒸散发及工业生产和生活耗水量分别为 59% 和 5%，剩余的量使得区域蓄变量和出境流量都略有增加。

2001～2008 年，年均地表蒸散发量和年均降水量分别减少 17.03 亿 m³ 和 37.13 亿 m³，减少率分别为 2.6% 和 5.2%。虽然，地表蒸散发的减少有助于增加下游可用水量，但由于降水量减少的影响，年均出境流量还是减少了 26.78 亿 m³，减少率达 64.6%。

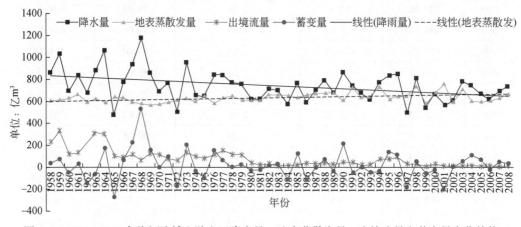

图 6.3　1958～2008 年海河流域上游山区降水量、地表蒸散发量、出境流量和蓄变量变化趋势

2）海河流域下游平原区水文系统变化及影响因素

流域下游平原区除了上游来水（入境水量）外，还有外调水（引黄水量），其水平衡方程可表述如下：

$$P + Q_i + I = \mathrm{ET} + Q_o + C + \Delta S \qquad (6.7)$$

式中, P 为降水量; Q_i 为入境流量; I 为引黄水量; ET 为地表蒸散发量; Q_o 为出境流量; C 为工业生产和生活耗水量; ΔS 为蓄变量。

利用流域下游 1958~2008 年实测降水量、出入境流量和引黄水量数据, 以及 1984~2008 年遥感蒸散发数据、1958~1983 年模拟蒸散发数据和人口经济统计数据, 估算了区域内 1958~2008 年蓄变量 (表 6.6)。

表 6.6　下游平原区水平衡　　　　　　　　　（单位: 亿 m^3)

年份	降水量	地表蒸散发量	入境流量	引黄水量	工业生产和生活耗水量	出境流量	蓄变量
1958	504.56	487.49	220.00	0.00	0.80	147.00	89.27
1959	617.64	504.31	340.00	0.00	0.80	320.00	132.53
1960	477.62	491.74	120.00	0.00	0.80	65.00	40.08
1961	560.77	495.41	130.00	0.00	0.80	138.00	56.56
1962	427.83	498.25	230.00	0.00	0.80	175.00	-16.22
1963	642.94	493.41	320.00	0.00	0.80	345.00	123.73
1964	816.60	466.37	300.00	0.00	0.80	420.00	229.43
1965	297.36	506.64	105.00	0.00	0.80	78.00	-183.08
均值	543.17	492.95	220.63	0.00	0.80	211.00	59.04
1966	536.99	477.39	90.00	0.00	0.80	90.00	58.8
1967	534.86	473.21	120.00	0.00	0.80	115.00	65.85
1968	382.49	454.51	65.00	0.00	0.80	18.00	-25.82
1969	604.29	435.81	130.00	0.00	0.80	98.00	199.68
1970	467.35	459.74	115.00	0.00	0.80	68.00	53.81
1971	526.63	482.36	80.00	0.00	0.80	77.00	46.47
1972	362.88	484.73	60.00	0.00	0.80	30.00	-92.65
1973	658.42	492.9	135.00	0.00	0.80	135.00	164.72
1974	458.66	482.29	100.00	0.00	0.80	105.00	-29.43
1975	394.99	519.06	80.00	0.00	0.80	70.00	-114.87
1976	547.87	469.7	120.00	0.00	0.80	120.00	77.37
1977	700.75	501.27	155.00	0.00	0.80	260.00	93.68
1978	477.18	502.83	120.00	0.00	0.80	145.00	-51.45
均值	511.80	479.68	105.38	0.00	0.80	102.38	34.32
1979	450.25	484.45	115	32.89		142.00	-29.10
1980	399	482.22	40	42.32	0.92	20.00	-21.82
1981	432.34	498.94	20	40.53	1.07	5.00	-12.14
1982	428.81	517.03	38	38.74	1.24	10.00	-22.72
1983	413.21	522.5	15	40.53	1.44	7.00	-62.20
1984	456.03	460.29	22	38.74	1.65	30.00	24.83
1985	559.72	429.31	20	33.37	1.90	32.00	149.88

续表

年份	降水量	地表蒸散发量	入境流量	引黄水量	工业生产和生活耗水量	出境流量	蓄变量
1986	366.6	454.83	40	36.40	2.17	50.00	-64.00
1987	521.37	465.79	30	35.23	2.47	46.00	72.34
1988	537.17	471.46	48	34.06	2.79	55.00	89.98
均值	456.45	478.68	38.8	37.28	1.65	39.70	12.50
1989	389.47	451.63	25	32.89	3.14	15.00	-22.41
1990	617.04	496.69	46	32.89	3.51	65.00	130.73
1991	529.66	586.94	48	52.42	3.89	68.00	-28.75
1992	378.25	566.38	15	57.30	4.26	6.00	-126.09
1993	461.6	566.38	25	64.48	4.61	28.00	-47.91
1994	582.23	613.22	75	57.08	4.91	110.00	-13.82
1995	583.1	526.16	70	44.80	5.11	115.00	51.63
1996	659.63	536.96	95	47.38	5.17	178.00	81.88
1997	316.4	545.84	30	53.30	5.01	20.00	-171.15
1998	527.34	593.13	29	53.74	4.52	45.10	-32.67
1999	319.88	472.83	10	61.19	3.58	4.50	-89.84
2000	450.9	470.52	29.51	37.35	2.01	0.96	44.27
均值	484.63	535.56	41.46	49.57	4.14	54.63	-18.68
2001	382.97	504.48	15.135	38.62	2.45	0.80	-71.00
2002	327.68	475.74	16.37	46.36	2.99	1.45	-89.77
2003	549.93	557.95	13.11	36.12	3.65	8.31	29.25
2004	489.98	499.91	20.19	42.31	4.45	13.96	34.16
2005	391.86	495.05	5.1	37.27	5.43	10.38	-76.63
2006	322.84	486.36	21.08	46.57	6.62	9.33	-111.82
2007	469.1	476.77	3.35	46.57	8.08	9.21	24.96
2008	517.54	541.05	23.08	46.57	9.85	18.80	17.49
均值	431.49	504.66	14.68	42.56	5.44	9.03	-30.42

　　1958～2008年，区域降水量呈递减趋势，减少率达20.56%；地表蒸散发呈增加趋势，增长率为2.38%；工业生产和生活耗水量呈快速增长趋势，增长率达579.77%，但总量相对较小，2008年总耗水量为9.85亿 m^3；入境流量和出境流量急剧减少，减少率分别达93.35%和95.72%；蓄变量逐渐由盈余转为亏缺，且呈加剧减少趋势（图6.4）。

　　1958～1965年，降水量远大于地表蒸散发量，且入境流量大，出境流量丰富，达每年211亿 m^3；区域年平均蓄变量盈余59.04亿 m^3。

　　1966～1978年，年平均降水量和地表蒸散发量同步减少，减少率分别为5.78%和2.69%；入境流量和出境流量各减少115.24亿 m^3 和108.62亿 m^3，减少率分别为52.00%和51.48%，出境流量的变化主要受入境流量减少影响。这一时期（1970年开始），区域内虽然存在地下水开采情况（平均每年开采量为 11.2 亿 m³），但整体上蓄变量处于盈余状态，年平均蓄变量为 34.32 亿 m³。

1979~1988 年，年均地表蒸散发量变化不明显，减少量为 0.99 亿 m³，但降水量变化十分显著，年平均减少 55.35 亿 m³，减少率达 10.81%；入境流量和出境流量持续减少，分别减少 66.58 亿 m³ 和 62.68 亿 m³，减少率分别为 63.2% 和 61.2%，出境流量仍主要受控于入境流量。虽然这一时期降水量在减少、工业生产和生活耗水量在持续增加，但平均每年 37.28 亿 m³ 的引黄水量保证了区域的供耗平衡，区域内年平均蓄变量为 12.5 亿 m³。

1989~2000 年，年均降水量和地表蒸散发量各增加了 28.18 亿 m³ 和 56.87 亿 m³，增长率分别为 6.17% 和 11.88%；入境流量和出境流量各增加 2.66 亿 m³ 和 14.93 亿 m³，增加率分别为 7% 和 37.61%，出境流量的突然增加主要受平原 1994~1996 年降水量增加影响；这一时期，年均工业生产和生活耗水量达到 4.14 亿 m³，外加上增加的地表蒸散发，在年均引黄水量达 49.57 亿 m³ 的情况下，区域蓄变量仍亏缺 18.68 亿 m³。

2001~2008 年，年均地表蒸散发量和降水量各减少 30.89 亿 m³ 和 53.14 亿 m³，减少率分别为 5.77% 和 10.96%；入境流量和出境流量各减少 26.78 亿 m³ 和 45.6 亿 m³，减少率分别为 64.60% 和 83.47%；年均工业生产和生活耗水量增加 1.29 亿 m³，增长率为 31.22%；虽然，这一时期仍有每年 42.55 亿 m³ 的引黄水量，且地表蒸散发也减少了 30.89 亿 m³，但均不足以抵消降水量减少的影响，区域蓄变量亏缺状态加剧，达每年 30.42 亿 m³。

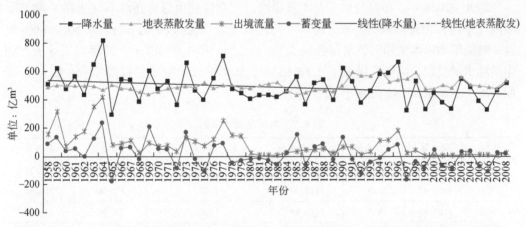

图 6.4　1958~2008 年海河流域下游平原区降水量、地表蒸散发量、出境流量和蓄变量变化趋势

3）气候变化和人类活动对全流域水文系统的影响

对于全流域而言，可用水资源总量受区域气候变化明显。1958~2008 年，年均降水量减少了 249.12 亿 m³，减少率达 18.39%；年均地表蒸散发先增加后减少，整体呈减少趋势（减少率为 3.47%）（表 6.7）。这一规律与 Wild（2008）和 Jung 等（2010）的研究成果一致，以上学者认为受地表太阳辐射增加的影响，在 1982~1997 年，全球地表蒸散发平均增加 7.1±1.0mm，之后受 1998 年全球厄尔尼诺影响，直到 2008 年，

全球地表蒸散发无明显增长（图6.5）。与此同时，水利工程建设、农业发展、工业生产和人口增长等人类活动，加剧了流域水资源格局的变化。

1958～1965年，流域处于自然平衡状态，水利工程的建设运行尚未对流域水资源格局造成大的影响，上下游降水量丰富，出境流量大。

1966～1978年，流域降水量和地表蒸散发量各减少40.42亿 m^3 和26.23亿 m^3，减少率分别为2.98%和2.36%，但出境流量减少108.62亿 m^3，减少率达51.48%，而流域蓄变量为125.04亿 m^3。水利工程蓄水和气候变化对流域水资源格局的影响各占67.18%和32.82%。

1979～1988年，降水量减少174.07亿 m^3，减少率为13.25%，地表蒸散发量增加39.75亿 m^3，增加率为3.66%，但出境流减少62.68亿 m^3，减少率达61.22%。根据前面的论述，1982年之后，全球地表蒸散发年平均增加 7.1 ± 1.0 mm。这一量相当于全流域39.75亿 m^3 的地表蒸散发量增加量中，有16.47亿 m^3 是受气候变化本身的影响。因此，这一时期流域水资源格局的上述变化，降水量减少和全球性地表蒸散发量增加的影响占88.64%，而全流域农业发展、工业生产和生活耗水增加的影响分别占10.83%和0.53%。

1989～2000年，流域年均降水量和引黄水量各增加55.63亿 m^3 和12.29亿 m^3，加上18.68亿 m^3 的地下水超采量，总计增加的可用水量为86.60亿 m^3。其中，出境流量、工业生产和生活耗水量分别占14.93亿 m^3 和3.80亿 m^3，其余水量用于农业发展和气候变化增加的耗水，两者分别占可用水量的65.22%和19.02%。

2001～2008年，扣除气候变化本身影响后，全流域由退耕还林草（上游）和节水灌溉（下游）治理措施实施减少的年平均耗水量分别为6.89亿 m^3 和24.56亿 m^3。但这一时期年均降水量和引黄水量各减少90.27亿 m^3 和7.02亿 m^3，而年均工业生产和生活耗水量呈增长趋势，增加了2.88亿 m^3，从而导致出境流量锐减45.60亿 m^3，平原区地下水超采30.42亿 m^3。

表6.7　海河流域水平衡　　　　　（单位：亿 m^3）

年份	降水量	引黄水量	地表蒸散发量	工业生产和生活耗水量	出境流量	蓄变量
1958	1365.07	0.00	1090.28	1.20	147.00	126.59
1959	1652.62	0.00	1114.54	1.20	320.00	216.88
1960	1164.87	0.00	1116.85	1.20	65.00	−18.18
1961	1396.00	0.00	1165.17	1.20	138.00	91.63
1962	1093.66	0.00	1093.59	1.20	175.00	−176.13
1963	1527.69	0.00	1118.52	1.20	345.00	62.97
1964	1874.78	0.00	1046.83	1.20	420.00	406.75
1965	760.26	0.00	1146.63	1.20	78.00	−465.57
均值	1354.37	0.00	1111.55	1.20	211.00	30.62
1966	1322.75	0.00	1109.94	1.20	90.00	121.61
1967	1477.68	0.00	1068.55	1.20	115.00	292.93

续表

年份	降水量	引黄水量	地表蒸散发量	工业生产和生活耗水量	出境流量	蓄变量
1968	1563.69	0.00	1027.53	1.20	18.00	516.96
1969	1452.88	0.00	993.95	1.20	98.00	359.73
1970	1146.04	0.00	1032.76	1.20	68.00	44.08
1971	1294.96	0.00	1070.26	1.20	77.00	146.5
1972	865.06	0.00	1102.40	1.20	30.00	−268.54
1973	1624.37	0.00	1125.45	1.20	135.00	362.72
1974	1110.19	0.00	1070.19	1.20	105.00	−66.2
1975	1037.85	0.00	1181.38	1.20	70.00	−214.73
1976	1391.86	0.00	1042.72	1.20	120.00	227.94
1977	1550.50	0.00	1133.82	1.20	260.00	155.48
1978	1243.56	0.00	1150.27	1.20	145.00	−52.91
均值	1313.95	0.00	1085.32	1.20	102.38	125.04
1979	1211.36	32.89	1102.12	1.20	142.00	−1.04
1980	1015.49	42.32	1092.45	1.34	20.00	−55.98
1981	1046.49	40.53	1116.61	1.54	5.00	−36.13
1982	1150.31	38.74	1179.35	1.78	10.00	−2.08
1983	1113.16	40.53	1177.38	2.04	7.00	−32.73
1984	1025.56	38.74	1118.92	2.34	30.00	−86.96
1985	1331.37	33.37	1059.54	2.68	32.00	270.52
1986	950.06	36.40	1112.36	3.06	50.00	−178.96
1987	1225.82	35.23	1140.74	3.49	46.00	70.82
1988	1329.23	34.06	1151.30	3.96	55.00	153.03
均值	1139.89	37.28	1125.08	2.34	39.70	10.05
1989	1055.01	32.89	1132.26	4.47	15.00	−63.83
1990	1480.79	32.89	1103.74	5.01	65.00	339.93
1991	1262.61	52.42	1332.12	5.58	68.00	−90.67
1992	1050.69	57.30	1205.60	6.15	6.00	−109.76
1993	1078.78	64.48	1205.60	6.71	28.00	−97.05
1994	1358.13	57.08	1356.32	7.20	110.00	−58.31
1995	1418.07	44.80	1147.51	7.56	115.00	192.80
1996	1513.86	47.38	1179.41	7.72	178.00	196.11
1997	799.74	53.30	1183.16	7.56	20.00	−357.68
1998	1348.57	53.74	1331.67	6.92	45.10	18.62
1999	848.72	61.19	1051.11	5.59	4.50	−151.29
2000	1131.23	37.35	1147.78	3.27	0.96	16.57

续表

年份	降水量	引黄水量	地表蒸散发量	工业生产和生活耗水量	出境流量	蓄变量
均值	1195.52	49.57	1198.02	6.15	54.63	-13.71
2001	940.51	38.62	1259.99	3.98	0.80	-285.64
2002	931.25	46.36	1055.64	4.86	1.45	-84.34
2003	1331.96	36.12	1272.15	5.95	8.31	81.67
2004	1228.28	42.31	1105.88	7.29	13.96	143.46
2005	1056.77	37.27	1085.41	8.95	10.38	-10.70
2006	932.24	46.57	1097.77	10.99	9.33	-139.28
2007	1158.54	46.57	1105.97	13.53	9.21	76.40
2008	1262.42	46.57	1218.01	16.66	18.80	55.52
均值	1105.25	42.55	1150.10	9.02	9.03	-20.36

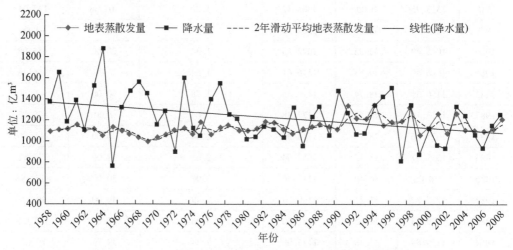

图6.5　1958~2008年海河流域降水量、地表蒸散发量变化趋势

6.2　水资源短缺的适应与对策

6.2.1　南水北调工程

南水北调工程是迄今为止世界上规模最大的调水工程，同时也是实现我国水资源优化配置的重大战略性基础工程。经过20世纪50年代以来的勘测、规划和研究，分别在长江下游、中游、上游规划了三个调水区，形成了南水北调工程东线、中线、西线三条调水线路，规划最终调水规模448亿m³，其中东线148亿m³、中线130亿m³、西线170亿m³。整体工程设想宏大，设施壮观，横穿长江、淮河、黄河、海河四大流域，

涉及十余个省（自治区、直辖市），通过三条调水线路，与长江、淮河、黄河、海河相
互连接，构成我国中部地区水资源"四横三纵、南北调配、东西互济"的总体格局。
三条调水线路互为补充，不可替代。

海河流域地理位置独特，是我国政治、经济和文化中心，但也是我国七大江河中
水资源最为紧缺、生态最为脆弱的地区。南水北调工程被认为是从根本上缓解海河流
域长期资源性缺水问题的一个重要途径（周涛等，2010；刘江侠，2011）。由于供水成
本较高，调水优先向城镇生活、生产供水，并置换出城镇占用的生态及农业用水。南
水北调总体规划东线、中线 2020 水平年平均可供海河流域的水量为 79.22 亿 m³（王卓
甫等，2013）。

海河流域南水北调东线受水区 12.36 万 km²，位于海河流域东部平原，占平原面积
的 38%。东线工程第一期工程于 2013 年年底完成，过黄河毛水量 4.8 亿 m³，主要向黄
河以南和山东半岛供水；二期工程规划于 2020 年完成，过黄河毛水量 20.8 亿 m³，主
要向天津和河北东部供水；三期工程规划于 2030 年完成，过黄河毛水量 37.7 亿 m³
（周涛等，2010）。海河流域南水北调中线供水范围主要是唐白河平原和黄淮海平原西
中部，重点解决河南、河北、天津、北京的生活和生产用水，并兼顾生态环境和农业
用水。2014 年汛期后中线一期工程完工，2014 年 12 月 12 日正式通水。据新华网 2017
年报道，截至 2017 年 12 月 12 日，三年时间累计分水量达 108 亿 m³，其中北京、天津
和河北分水分别为 40 亿 m³、24 亿 m³ 和 14 亿 m³。

南水北调工程具有巨大的社会、经济和生态效益。工程通水以后，将在很大程度
上提高海河流域的水资源承载能力，提高供水安全，遏制并改善日益恶化的生态环境，
对保障流域经济社会的可持续发展具有十分重大的意义。海河流域长期受到水资源供
给不足带来的区域经济发展受限的影响。已经通水的东线、中线调水一期工程增加的
水资源供给以人民生活和工业生产优先，为 2 个直辖市、33 个地级市人民带来清洁干
净稳定的饮用水源，彻底告别长期饮用高氟水、苦咸水的历史，而且工业用水的保障
将直接拉动流域地区经济的发展。南水北调工程同样有助于流域粮食安全保障和改善
生态效益。粮食生产方面，生产和生活置换出来的水可以保障农业灌溉用水的需求。
如果遇到南方丰水年，东线、中线工程还可以增加农业的供水量。生态效益方面，首
先农业灌溉水资源的增加将减少地下水的超采和对生态用水的挤占。按照规划每年
79.22 亿 m³ 的供水，完全可以弥补当前流域的 62.5 亿 m³ 的耗水亏缺量，同时还可以部
分回补地下水。另外东线、中线一期工程将带动沿线生态带的建设，中线工程沿线为
北方地区增加了一条人工大河，可形成一条 1400 多千米长、几十米宽壮观的生态带，
对干旱缺水、有河皆干的北方地区弥足珍贵。

在南水北调工程通水以后，随着工程沿线地区生态文明建设的全面推进，以水资源
和水环境的承载能力科学规划土地开发和城镇化速度和规模，以水资源有效配置合理构
建区域经济空间格局，以水资源可持续利用促进产业结构优化调整，以水资源保护加强
生态环境建设和改善，北方地区特别是海河流域日益恶化的水生态环境将逐步得到遏制
和改善，南水北调供水区将逐渐发展成为自然资源持续利用、生态环境持续改善、人民
生活质量持续提高、经济社会持续发展的绿色经济区和"美丽中国"示范区。

6.2.2　退耕措施

2014 年国家将投资 600 亿元重点用于以华北地区为主的地表水过度开发和地下水超采区的治理。海河流域地下水目前累计亏损量达 409 亿 m^3（王文生，2013），地下水的过度开采引起区域地下水位快速下降、水质状况恶化，加上含水层天然应力状态的破坏导致各种环境地质灾害发生。河北省是海河流域地下水超采重点区域，20 世纪 80 年代以来，累计超采地下水 1500 亿 m^3，平原区超采面积达 6.7 万 km^2，形成了 7 个大的地下水漏斗区。

目前全省农业用水占全社会用水总量的 70% 以上，而取用地下水灌溉又占农业用水总量的 70% 以上，因此解决地下水超采区问题对于河北省甚至海河流域的水资源可持续利用都起到举足轻重的作用。河北省水利厅按照开源节流并举，建设管理并重，治理保护同步的原则，依据国家农业休养生息的总体战略，根据水资源承载能力、土地经营方式、生态环境要求，在地下水严重超采区，通过压减小麦种植面积、发展经济林、变两季为单季种植等措施，调整农业种植结构；通过推广旱作农业、退耕还水、退耕还湿、退耕还生态林等措施，压缩农业灌溉面积，减少农业灌溉用水总量。通过实施这些措施，力争到 2017 年全省浅层地下水基本实现采补平衡，深层地下水超采状况得到有效遏制，为全省经济社会发展和生态文明建设提供有力支撑和保障。

本书 4.5 节通过海河流域平原区一系列农艺节水措施的田间试验结果分析，发现调亏灌溉与覆盖技术相结合、缩小株距及调整作物播种收获期等的综合措施，在维持当前产量水平不变的前提下，最大节水潜力为 41 亿 m^3，距离实现地下水的采补平衡仍然有 1/3 的水量缺口（Yan et al.，2015）。通过情景模拟的分析发现冬小麦实施退耕是对产量影响最少的一种可行性方案，减少 21.5m^3 的耗水量，小麦需要退耕的面积为 11436km^2，相应需要减少的产量为 400 万 t。河北省针对地下水超采区的节水压采措施，不再是单纯地注重水利工程的改造，农业和林业部门负责的压减小麦种植面积、调整种植结构、退耕等措施。这些措施的选择与本书研究分析不谋而合。

2014 年河北省地下水超采综合治理试点调整农业种植结构和农业节水项目实施方案，计划在衡水、沧州、邢台、邯郸 4 个设区市的 51 个试点县（市、区）组织实施，实施面积总计 457 万亩，财政投资达到 12.6 亿元，到 2015 年实现地下水压采 3.59 亿 m^3，涉及农民接近 100 万人。这四项措施分别为：①调整种植结构。在衡水、沧州、邢台、邯郸 4 个设区市的 34 个县（市、区）选择无地表水替代的深层地下水严重超采区，压减 76 万亩依靠地下水灌溉的冬小麦种植面积，改冬小麦、夏玉米一年两熟制，为种植玉米、棉花、油葵、杂粮等一年一熟制，实现"一季休耕、一季雨养"每亩补贴标准为 500 元。灌溉小麦种植面积减少 76 万亩，亩均减少用水 180m^3，实现压采 1.37 亿 m^3。②推广冬小麦春灌节水稳产配套技术。2014 年在衡水、沧州、邢台和邯郸 4 个设区市的 43 个县（市、区），选择蓄水保墒能力较好的麦田 300 万亩，推广节水抗旱品种，农机农艺良种良法结合，配套推广土壤深松、秸秆还田、播后镇压等综合节水保墒技术，小麦生育期内减少浇水 1~2 次，突出浇好拔节水，适墒浇灌孕穗灌浆水，亩均节水 50m³，实现地下水压采 1.5 亿 m³。③推广小麦保护性耕作节水技术 50 万亩，每亩作业费补助 30 元。在衡水、沧州、邢台、邯郸 4 个设区市的 24 个县（市、区），选择无地表水替代的麦田 50 万亩，实行免耕、少耕和农作物秸秆及根茬粉碎覆盖还田，采用小麦免耕播种机一次完成开沟、施肥、播种、覆土和镇压等复式作业，选择性进行深松（隔 3~4 年深松一次）和其他表土耕作，结合化学药剂防除病虫草害，改善土壤结构和地表状况，减少土壤风蚀、水蚀和沙尘，提高土壤肥力和作物抗旱节水能力，亩均节水 50m³，压采地下水 0.25 亿 m³。④推广水肥一体化节水技术。在衡水、沧州、邯郸、邢台 4 个设区市的 29 个县（市、区），推广小麦、玉米水肥一体化微喷灌技术 10 万亩，每亩补助 850 元，亩均节水 60m³，实现地下水压采 0.06 亿 m³；在衡水、沧州、邯郸、邢台 4 个设区市的 22 个县（市、区），推广蔬菜膜下滴灌水肥一体化技术 20 万亩，每亩补助 1600 元，实现技术节水 0.4 亿 m³；在巨鹿县推广中药材滴灌水肥一体技术 1 万亩，每亩补助 850 元，实现压采 0.01 亿 m³。综上所述，四项措施主要针对深层地下水开采区，实施后通过灌溉取水量的减少，实现 3.59 亿 m³ 地下水开采量的减少。

尽管采取的措施类似，但是在节水量的分析上与 4.5 节有一定出入。对于第一种措施，对冬小麦面积减少进行初步估算，根据 4.5 节冬小麦休耕的分析，蒸散发将减少 180mm，即每亩减少 ET 约 120m³，实现压采 0.91 亿 m³，与 2014 年河北省地下水超采综合治理试点调整农业种植结构省农业节水项目实施方案有 0.46 亿 m³ 的差距；针对冬小麦春灌节水技术，根据 4.5 节对适当调亏灌溉的节水效果分析，蒸散发将减少 47mm，即每亩减少 ET 约 31m³，实现压采 0.94 亿 m³ 与实施方案有 0.56 亿 m³ 的差距。这两种关键技术节水量的差异就达到 1.02 亿 m³，因此需要利用遥感技术从耗水角度对节水压采项目进行评估，作为现有评估结论的补充。

另外，区域节水措施不能仅仅将视角放到压采试点区，需要从区域完整的水系统来进行评估，防止试点区域节约的取水量在试点区外被使用，区域实际耗水量在目标 ET 允许范围内，这也是区域节水与否、水资源可持续利用是否能实现的一个重要指标。

6.2.3　关于水资源的对策与建议

海河流域是中国水资源最紧张的地区，各行业对水资源利用的需求矛盾一直处于激化的状态，目前地下水严重超采，地面沉降，海水入侵、水污染等现象进一步说明生态环境的严重恶化，与区域经济社会发展严重不相协调，正处于 "U" 字形的最底部。流域的可持续发展需要尽快冲出 "U" 字形谷底。虽然南水北调工程会一定程度上缓解山东、河北、北京、天津的水资源紧张状况，但水资源紧张的状况仍将长期存在。

面临严峻的水资源危机，有效解决水资源紧张状况，实现水资源可持续利用是十分重要和迫切的任务。本书通过各个角度的分析，提出以下几个方面的建议，供决策参考。

1) 严格执行水资源三条红线

2011 年中央 1 号文件和中央水利工作会议, 与 2012 年国务院颁布《国务院关于实行最严格水资源管理制度的意见》确定实行最严格的水资源管理制度, 确立水资源开发利用、用水效率、水功能区限制纳污"三条红线", 以及"三条红线"的主要目标和具体措施。党的十八届五中全会明确要求实施水资源消耗总量和强度双控行动。2016 年 11 月水利部和国家发展改革委联合印发了《"十三五"水资源消耗总量和强度双控行动方案》。实施水资源消耗总量和强度双控行动, 是破解我国水资源短缺瓶颈、确保水资源可持续利用的战略举措, 是贯彻落实绿色发展理念、加快推进生态文明建设的内在要求。遥感技术为控制红线的具体实施提供了新的创新型手段。在 2013 年批复的《海河流域综合规划 (2012～2030 年)》报告中第一次将 ET 作为红线的控制指标, 流域现状年 ET 为 1800 亿 m^3, 2020 年 ET 小于等于 1820 亿 m^3, 2030 年小于等于 1830 亿 m^3。本书提出了流域耗水管理模式, 可耗水量的提出为目标 ET 的制定提供了依据, 是总量红线控制及效率红线控制实现的一个重要评价指标。

解决我国日益复杂的水资源问题, 实现水资源高效利用和有效保护, 根本上要靠制度、靠政策、靠改革。为保障"最严格水资源管理制度", 提出了"四项制度"。

一是用水总量控制制度。加强水资源开发利用控制红线管理, 严格实行用水总量控制, 包括严格规划管理和水资源论证, 严格控制流域和区域取用水总量, 严格实施取水许可, 严格水资源有偿使用, 严格地下水管理和保护, 强化水资源统一调度。

二是用水效率控制制度。加强用水效率控制红线管理, 全面推进节水型社会建设, 包括全面加强节约用水管理, 把节约用水贯穿于经济社会发展和群众生活生产全过程, 强化用水定额管理, 加快推进节水技术改造。

三是水功能区限制纳污制度。加强水功能区限制纳污红线管理, 严格控制入河湖排污总量, 包括严格水功能区监督管理, 加强饮用水水源地保护, 推进水生态系统保护与修复。

四是水资源管理责任和考核制度。将水资源开发利用、节约和保护的主要指标纳入地方经济社会发展综合评价体系, 县级以上人民政府主要负责人对本行政区域水资源管理和保护工作负总责。

2) 加强海水利用是解决水资源短缺问题的现实选择

从水资源角度而言, 海水利用包括海水直接利用和海水淡化两个方面。海水直接利用是指直接取用海水, 冷却、环卫等可采用此方式。海水淡化是指海水经脱盐等处理后得到符合水质要求的淡水。日本年直接利用海水达 3000 亿 t, 而中国不足 150 亿 t。世界海水淡化的日产量已经达到 3250 万 t, 并且还在以每年 10%～30% 的速度攀升, 而中国每天才有 10 万 t。

针对此情况, 本研究提出了四点建议: ①建议用海水替代占工业用水中比重很大的冷却用水。据统计, 环渤海地区近年工业用水量每年约 80 亿 t, 其中 2/3 以上是钢铁、化工等企业的冷却用水。考虑到常规淡水的成本越来越高, 大可以利用海水冷却来替代淡水冷却。建议调整工业布局, 将需要大量用水的企业规划至合理设置的沿海工业区，在工业区内配套建设海水抽水站、输送管道等设施，分期分批向企业推广应用海水直流冷却和循环冷却技术。②建议在沿海城镇用海水替代部分生活用水。据资料统计，环渤海地区近年生活用水量已接近 90 亿 t/a，其中 1/3 以上是冲厕用水和城市环卫用水。建议天津、青岛、大连等临海城市和大批临海村镇的冲厕用水、环卫用水用海水替代，并逐步扩大到生活用海水的使用范围。③大力发展海水淡化，提供优良淡水。海水淡化可以解决沿海城市乡村居民生活用水和作为锅炉补水等工业用的高纯水，使海水淡化水成为沿海城市、乡村的重要水源。随着科技进步，海水淡化的成本越来越低，且海水淡化厂生产的淡水水质并不低于普通自来水厂生产的饮用水，而自来水价格越来越高，因此海水淡化越来越具有市场竞争优势。④加强海水化学资源综合利用。海水中富含大量化工资源，建议重点发展海水"一水多用"技术，加大从海水中提取钠、溴、镁等化工原料的研发和推广力度，将海水淡化与发展新型制盐业相结合，建设利用海水淡化产生的浓海水制盐项目，实现资源综合利用。

3）高效节水农业发展对策和建议

海河流域高效节水农业的发展是缓解用水矛盾、水资源可持续利用的一个重要手段，同时也是传统农业向现代农业转化的一个重要标志。从耗水管理理念出发，通过重新认识节水灌溉农业发展中的"地下水超采"、"提高水分生产率"及"农业节水潜力"，建立利益相关者参与式的"耗水管理"是节水高效农业发展及成功实施的必然途径。主要包括以下四点建议。①明确流域的最大农业耗水量。灌溉水利用率的提高减少了取水量，提高了灌溉保证率，但不一定减少了耗水量。如果将减少的取水量当作节省的水量投入使用，特别是用于扩大灌溉面积，将使得地下水超采问题愈演愈烈。通过现象看本质，充分认识到"作物即耗水"，只有"耗水量的减少"才能从根本上解决流域水资源问题。对于一个流域来讲，水资源量是有限的，也是有数的，多年平均降水量减去生态环境耗水量和河流的生态流量，是人类活动可以消耗的最大可耗水量，再减去工业生产和生活的耗水量，就是农业的可耗水量。只有每个集水区、子流域、流域都明确了最大农业耗水规模，"作物/农田总耗水量的限制"才能从根本上解决水资源问题，也是避免地下水超采的良策。②基于耗水量的区域水分生产率是高效节水农业发展的目标。20 世纪 80 年代以来节水农业措施的实施，尽管使用水取水量大幅减小，灌溉效率显著提高，但是对于作物耗水量的减少效果有限，而水分生产率得到显著改善的根本原因是产量的提高，因此厘清节水减耗和产量增加对提高区域水分生产率的贡献度很重要。"以不牺牲粮食为代价的耗水量减少"的农艺节水措施可作为区域节水推广的主要手段，或者说提高单产、提高单位面积产出的效益是提高水分生产率的关键，如通过种植结构的调整生产高品质、高价值的农产品。③农业的节水潜力对于区域农业发展规划与水资源配置极其重要。作为耗水大户的农业，在很长一段时间都会是节水的重中之重。当前以用水量减少为核心的节水潜力评估严重高估了农业的节水量，基于该节水量进行的水资源分配和农业规划势必导致水资源问题越来越严重。以减少耗水量为核心的节水潜力评估结果表明，在水资源问题突出地区，不影响粮食生产的情况下农业节水潜力的空间是有限的，充分认识到节水潜力的合理估算对于如何在粮食安全与节水之间找到平衡点至关重要。④高效节水农业发展需要政府管理和农民参与的有机结合。从政府层面来讲，需要制定合理的政策框架，明确水资源利用边界（水权），限制无节制的、无补偿的水资源侵蚀行为，农民才会积极主动地去寻求"低投入高产出"的措施；通过发挥基于社区的农民用水者协会的作用，通过道德、信任、透明、可核查及水权交易方式推动农民的积极参与，重塑农民用水的社区管理方式，才是减少耗水的根本。同时需加大对农民的教育投资，使其了解水资源危机的危害，意识到自己的利益与节水密切相关。

6.3　湿地恢复的适应与对策

6.3.1　湿地恢复适宜性评价

针对山区河流湿地、湖泊湿地等与平原各类湿地反映其湿地功能的景观特征的不同，甄选出遥感或现有技术手段所能获取且具有易获取性的指标，通过层次分析法（AHP）及专家评定计算出山区、平原区湿地可恢复适宜性评价的指标权重，计算加权值并加以等级划分，最终整合出全海河流域湿地的可恢复适宜性分布，佐以典型湿地分布，得出湿地恢复适宜性最强的研究区，估算研究区的水资源蓄变量及最小的生态需水量，对适宜性分析成果的可行性进行验证，并作以相应的对策分析，如图 6.6 所示。

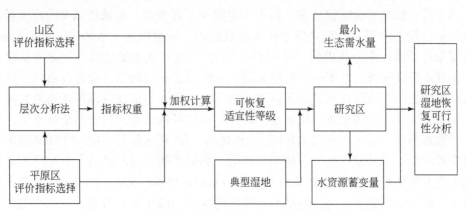

图 6.6　海河流域湿地可恢复性评价及对策研究流程示意图

1）全流域湿地可恢复性评价

针对山区和平原湿地分布特征，利用建立的湿地可恢复性评价方法，分别获取了山区和平原区湿地可恢复性空间分布图（图 6.7）。将两者进行拼合得到全流域湿地可恢复性空间分布图（图 6.8）。

由图 6.8 可知，适宜性等级为中以上的区域绝大多数分布在平原，西部山区除在海河北系有零星分布外，南部山区位置几乎没有；对西部山区部分的高适宜性可恢复湿地进行统计（图 6.9），结果显示湿地的高适宜性恢复区域大部分分布在河北，以张家口居多，其市内高恢复性湿地面积总计达 908.96km²，其中以阳原县分布范围最广，

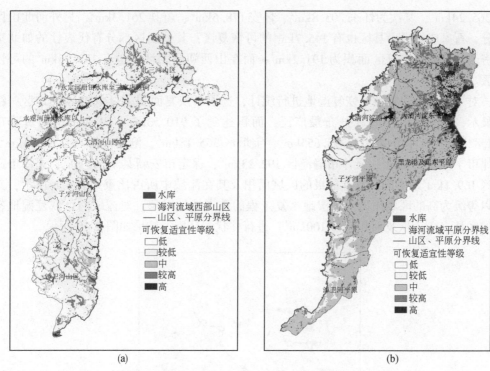

图 6.7　海河流域山区（a）和平原区（b）湿地可恢复性空间分布图

图 6.8　海河流域湿地可恢复适宜性评价分析等级分布图

为 365.24km²，其次为怀来 203.8km²、怀安 178.6km²、蔚县 261.3km²，另外河北山区部分，石家庄的平山县区也有 145.7km²的可恢复区；其他山区部分有代表性的如北京的密云，湿地可恢复区面积为 191.2km²；而在山西朔州的怀仁也有 153.95km²的可恢复区。

对平原区高适宜性可恢复湿地进行统计，选取可恢复面积超过 100km²的地区，结果显示，在天津市津南区分布最广泛，面积达到了 910.53km²，其他依次为黄骅市 587.82km²，天津市塘沽区 395.655km²、宝坻区 365.18km²，沧州市海兴县 341.1km²，天津市宁河区 274km²，天津市静海区 192.23km²，保定市安新县 191.7km²，天津市武清区 169.1km²。不同恢复性等级的区域面积及其在流域中所占比重如表 6.8 所示，其中以等级为高的区域作为未来湿地恢复工程的重点选址对象。对流域内可恢复湿地较多的区县（理论恢复面积超过 100km²）进行柱状图分析，结果如图 6.10 所示。

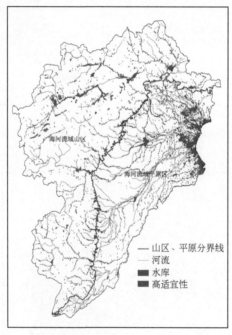

图 6.9　海河流域高适宜性湿地恢复区域分布图

表 6.8　海河流域湿地恢复不同等级适宜性分布面积及比重

适宜性等级	面积/km²	比重/%
低	57473	24.95
较低	79071	34.33
中	64751	28.11
较高	19100	8.30
高	9922	4.31

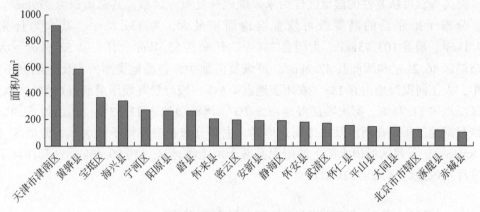

图 6.10　海河流域适宜恢复湿地面积县级统计

从表 6.8 中的统计数据分析可见，海河流域范围内，分布最广泛的为较低等级，而最终所要进行重点恢复的等级为高的区域，在全流域范围内占 4.31%，面积在 9922km² 。

2）永定河上游湿地可恢复性评价

Ouyang 等（2011）、欧阳宁雷等（2012）对京津冀一体化发展过程中重点治理区域永定河上游开展了进一步分析，结果表明，湿地可恢复性低等级区域的分布面积最大，占流域总面积的 52.6%；可恢复性高等级区域的分布面积最小，占流域总面积的 2.32%；其他可恢复性等级中，湿地可恢复性较高等级区域的面积占 9.76%，较低等级区域的面积占 24.96%，中等级区域的面积占 10.35%（图 6.11）。

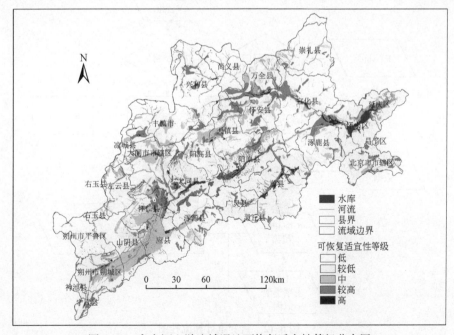

图 6.11　永定河上游流域湿地可恢复适宜性等级分布图

　　将高等级可恢复性的湿地区作为未来湿地恢复重点区域，其总面积为 979km²。其中，分布于阳原县的高等级可恢复湿地面积最大，为 131.6km²，其次为怀来县 129.1km²、蔚县 103.75km²、大同县 73km²、怀安县 55.4km²、怀仁县 52.6km²、大同市市辖区 46.2km² 和涿鹿县 42.2km²。可恢复湿地中，各湿地类型所占比例明显不同。其中，人工河渠湿地占 0.1%，农用湿地占 4.6%，城市景观娱乐湿地占 0.1%，水库/坝区湿地占 11.75%，河流洪泛湿地占 5.7%，河流湿地占 11.33%，其余约 66.4% 的可恢复湿地区集中在河道及水库周边地区，主要分布在应县镇子梁水库下游地区（约 21.85km²）、云州区册田水库下游阳原县桑干河上游地区（约 90.66km²）和洋河下游至官厅水库地区（约 87.2km²）。

6.3.2　海河流域典型湿地恢复可行性分析

　　湿地恢复可行性分析区选取海河流域典型湿地：白洋淀、北大港、衡水湖、七里海、南大港。其中，白洋淀是华北平原最大的湖泊湿地，南大港湿地是全国 176 个重点保护湿地之一。北大港水库是华北地区最大的平原型水库，七里海湿地是津京唐三角地带的一片"绿色肺叶"，衡水湖湿地是海河流域平原腹地的内陆淡水湿地。研究区范围的确定依据之前适宜性分析结果，提取出各典型湿地范围内适宜性等级为高的区域，作为各湿地恢复的研究区，由图 6.12 的流程及已有观测站数据、土地利用/覆盖类型、土壤数据，水资源公报数据，水利工程等数据，进行其流域范围内蓄变量及最小需水量的核算。

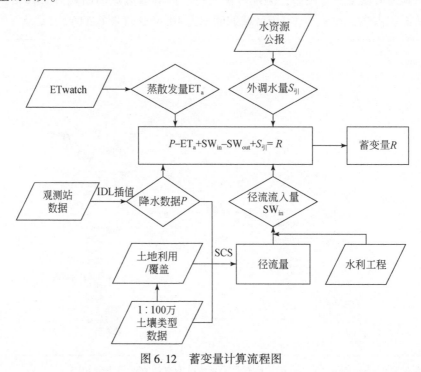

图 6.12　蓄变量计算流程图

假定上游径流流入水量全部用于湿地，即在理想状态下恢复区内无径流流出，对降水量、外调水量、上游降水汇流生成径流量等入水量，以及实际蒸散发量、湿地最小生态需水量等耗水量进行核算，统计出海河流域重要湿地在高适宜性恢复限制条件下的水分盈亏情况如表 6.9 所示。

表 6.9　2008 年海河流域典型湿地水分盈亏一览表

湿地	面积*/km²	可用水量/亿 m³					湿地最小需水量/亿 m³					水面积百分比/%	盈亏量/亿 m³
		降水	ETₐ	SWᵢₙ	外调水	蓄变量	植被	土壤	栖息地	补给地下水	生态需水总量		
白洋淀	194.4	1.03	1.24	2.04	1.58	3.40	0.94	1.03	0.33	0.60	2.89	42.6	0.51
北大港	138.7	0.81	1.01	0.86	0	0.66	0.24	0.59	0.19	0.34	1.36	34.4	-0.70
衡水湖	40.4	0.22	0.25	0.68	0	0.65	0.03	0.17	0.14	0.26	0.61	89.3	0.04
七里海	13.2	0.06	0.07	0.08	0	0.08	0.04	0.05	0.02	0.03	0.14	33.4	-0.07
南大港	74.7	0.46	0.50	0.98	0	0.94	0.54	0.35	0.01	0.02	0.93	4.4	0.02

* 根据适宜性等级结果提取出的各研究区的面积

由表 6.9 可知，在不考虑外调水时，除衡水湖和北大港湿地外，其余研究区均有不同程度的水分亏缺，而即使在不考虑补给地下水需水量时，仅仅考虑湿地生态最小需水量，研究区仍有一定的亏缺量。

归功于引岳济淀和引黄入淀等外调水，白洋淀 2008 年水分盈余约 0.51 亿 m³，而在不考虑其外调水时，其 2008 年总体水量至少还有 1.07 亿 m³ 的亏缺量。白洋淀水位下降，一方面是水域面积缩小导致，是降水量的减少、社会经济用水持续增长、低效率的灌溉用水增长等因素综合作用的结果（吕晨旭等，2010）；另一方面是人类活动的加剧导致，大中型蓄水工程的蓄水作用使得流域下垫面发生显著变化，径流量减少（韩瑞光等，2009），且浅层地下水超采严重形成降落漏斗（费宇红等，2001），地下水埋深逐渐增大，包气带不断增厚，增大了降水过程中的入渗损失量，进一步减少了流域的产流量（陈民等，2007）。因此在不考虑外调水时，维系其湿地恢复所需水量应着重考虑人为因素，如发展节水灌溉农业，上游水库放水，或考虑减少之前理论计算所得恢复区域面积，分析计算在保持现有水量的情况下（2008 年），其恢复面积应减少34.4%，即 2008 年全年水资源蓄变量可支持白洋淀湿地约 126.6km² 进行恢复，其恢复面积随不同年份的降水量与蒸发耗水量的不同而稍有差异；相反，在考虑外调水量的情况下，以 2008 年外调 1.58 亿 m³ 水量为例，在盈余 0.51 亿 m³ 的情况下，其恢复面积可适当扩大 16.4%，理论恢复面积为 224.7km²，其面积大小随外调水量的多少而定。目前分析结果显示，在保证有一定量的外调水补给的前提下，对于白洋淀湿地的恢复工作，可以允许适当减少外调水量，或是加大湿地的恢复区域范围。而针对北大港分析结果显示的亏缺的情况，亦可考虑在白洋淀水量丰盈的情形下对下游的北大港进行补给，即将一定的丰盈水量补入北大港，以支持北大港在现有水资源蓄变量的条件下实现湿地恢复理论目标。

不考虑娱乐用水和其他用水需求，并假定没有径流流出，衡水湖水盈余很大程度上得益于上游径流流入，说明通过流域洪水资源利用，是满足衡水湖湿地水需求的一个重要途径。分析结果表明，目前衡水湖湿地供水仅能满足生态环境最小需水量，与湿地现况基本吻合。

北大港湿地亏缺0.7亿 m^3，可采用上游泄洪、白洋淀湿地下泄水补给等途径来填补亏缺。

七里海的水源一是靠天然降水，二是靠外来水补给。由于天然降水逐年减少，而且通常年平均蒸发量相当于年均降水量的2.5~3.2倍，再加上干旱少雨，严重缺水，因此七里海主要靠外来水补充，地表径流以潮白新河为主。由于潮白新河水源上游截断，不能及时给七里海湿地补水，此外乡镇村之间苇地相互分割，造成七里海水系不能互相贯通，水域面积减退速度日益加快（高晓云，2004）。另外，从其他流域引进客水也是一种解决方法，南水北调东线工程对解决七里海的水资源缺乏有重要的推动作用。

6.3.3   白洋淀湿地生态缺水的主要途径与建议

针对白洋淀湿地生态缺水问题，边志勇和贾绍凤（2008）提出了以下建议。

1）依靠本河系水库补水是首要选择

白洋淀上游有安格庄、龙门、西大洋、王快、口头、横山岭6座大型水库，总库容达 $33×10^8 m^3$，具有一定的补水条件。1992~2006年，从王快、西大洋、安格庄三大水库向白洋淀放水15次，累计出库水量 $10.22×10^8 m^3$，入淀水量达 $5.62×10^8 m^3$，是1988年白洋淀重新蓄水以来未发生彻底干淀的决定性因素。

2）积极探索外流域调水是解决白洋淀生态性缺水的必要途径

2003年底，大清河流域持续干旱，本河系上游水库基本没有蓄水，白洋淀水位只有5.8m，基本处于彻底干淀状态，但位于漳河流域的岳城水库却超过汛限水位，且河南及河北南部地区当年水量较丰沛。因此，2004年3~6月，河北省实施了引岳济淀生态应急补水，线路总长459km，累计出库水量 $3.9×10^8 m^3$，入淀水量 $1.6×10^8 m^3$，淀区水位由5.8m跃升至7.2m，水面面积由30km²扩大到120km²，使白洋淀摆脱了干淀危机。到2006年10月中旬，白洋淀水位又降低到6.5m以下，水利部、河北省政府采取了果断措施，利用引岳济淀工程输水线路，实施了引黄济淀工作，从12月9日黄河之水入淀，到2007年3月5日，累计入淀量达 $1.01×10^8 m^3$，维持了淀区水生态的基本平衡。白洋淀作为引江中线工程的调蓄水库，工程完成后，应合理调配水量，应为白洋淀留出一定的生态用水指标，以使白洋淀完全摆脱干淀的困扰。

3）科学调度雨洪资源，合理确定库淀汛限水位

白洋淀是大清河系中游的一个天然蓄水洼淀，历年来，上游水库蓄水一般不考虑白洋淀的用水需要。因此，汛期蓄水应库淀综合考虑，避免白洋淀经常处于缺水的尴尬局面。

4) 采取严格措施, 控制白洋淀周边用水

白洋淀周边 30 座引闸是淀水外流的主要途径, 其综合引水能力为 215m^3/s, 灌溉面积为 $4×10^4$hm^2, 毛灌水定额按年 4500 ~ 6000m^3/hm^2 计算, 其用水量要在 $1.5×10^8$ ~ $2.0×10^8$m^3。也就是说, 在白洋淀基本蓄满水的情况下, 如果周边引闸正常引水灌溉, 加之蒸发渗漏损失, 当年就有干淀的危险。因此, 控制周边用水是解决白洋淀生态缺水问题的关键因素。在引江工程实施前, 按照农业灌溉服从生态用水的原则, 将淀周边引闸闸底板高程普遍提高到 8.0m。

5) 依法保护, 合理开发

《中华人民共和国水法》第三十条规定: 在制定水资源开发、利用规划和调度水资源时, 应当注意维持江河的合理流量和湖泊、水库及地下水的合理水位, 维护水体的自然净化能力。这是《中华人民共和国水法》在以人为本、构建和谐社会、树立和落实科学发展观上的具体体现, 应尽最大努力在白洋淀湿地进行落实。

6) 对淀区制定补偿和优惠政策

淀区为了保护白洋淀而放弃白洋淀作为灌溉水源, 其本身产业发展必定受到一定限制, 国家应给予一定补偿。同时制定引导性优惠政策, 促进产业结构调整。例如, 对淀区群众调整种植结构进行引导和资金支持, 积极应用新技术, 实施节水改造, 推广低耗水作物, 严格限制高耗水作物。

参 考 文 献

边志勇, 贾绍凤. 2008. 白洋淀湿地生态缺水的对策及实践. 地理与地理信息科学, 24 (增刊): 39-40.

陈民, 谢悦波, 冯宇鹏. 2007. 人类活动对海河流域径流系列一致性影响的分析. 水文, 27 (3): 57-59.

范晓梅, 刘高焕, 束龙仓, 等. 2008. 黄河三角洲沉积环境和沉积物渗透系数的现场实验测定. 水资源与水工程学报, 19 (5): 6-10.

费宇红, 张光辉, 曹寅白. 2001. 海河流域平原浅层地下水消耗与可持续利用. 水文, 21 (6): 11-14.

高晓云. 2004. 七里海湿地保护管理对策研究. 天津科技, 6: 14-18.

韩瑞光, 丁志宏, 冯平. 2009. 人类活动对海河流域地表径流量影响的研究. 水利水电技术, 40 (3): 4-7.

胡俊锋, 王金生, 滕彦国, 等. 2009. 黄河河床沉积物渗透性的试验研究. 水文地质工程地质, 36 (3): 25-28.

贾绍凤. 2009. 关于大力推广海水利用解决中国环渤海地区缺水问题的建议. 科技导报, 27 (6): 10.

刘江侠. 2011. 南水北调通水初期海河流域农业和生态补水方案研究. 海河水利, (1): 9-10.

刘世海, 胡春宏. 2004. 近廿年来官厅水库流域水土保持拦沙量估算. 泥沙研究, 2: 67-71.

吕晨旭, 贾绍凤, 季志恒. 2010. 近30年来白洋淀平原区地下水位动态变化及原因分析. 南水北调与水利科技, 8 (1): 65-68.

欧阳宁雷, 卢善龙, 吴炳方, 等. 2012. 流域尺度湿地可恢复性评价——以永定河上游流域为例. 湿地科学, 10 (2): 200-205.

王文生. 2013. 海河流域地下水管理问题的思考. 海河水利, (6): 1-3.

王卓甫, 杨志勇, 丁继勇, 等. 2013. 南水北调后海河流域水资源调度管理体制分析. 水利经济, 31 (2): 1-4.

王祖伟, 刘明舵, 李兆江. 2005. 七里海湿地环境生态系统退化与修复. 水土保持研究, 12 (5): 244-247.

赵春龙, 肖国华, 罗念涛, 等. 2007. 白洋淀鱼类组成现状分析. 河北渔业, 11: 49-50.

周涛, 杨朝翰, 史福全, 等. 2010. 南水北调东线通水后海河流域水资源配置分析. 海河水利, 3: 59-60.

Jung M, Reichstein M, Ciais P, et al. 2010. Recent decline in the global land evapotranspiration trend due to limited moisture supply. Nature, 467 (7318): 951-954.

Lu S, Wu B F, Wang H, et al. 2012. Hydro-ecological impact of water conservancy projects in the Haihe River Basin. Acta Oecologica, 44 (10): 67-74.

Lu S, Wu B F, Wei Y P, et al. 2015. Quantifying the impacts of climate variability and human activities on the hydrological system of the Haihe River Basin, China. Environmental Earth Sciences, 73: 1491-1503.

Ouyang N, Lu S L, Wu B F, et al. 2011. Wetland restoration suitability evaluation at the watershed scale: A case study in upstream of the Yongdinghe River. Procedia Environmental Sciences, 10 (2): 1926-1932.

Tweed S, Leblanc M, Cartwright I. 2009. Groundwater-surface water interaction and the impact of a multi-year drought on lakes conditions in South-East Australia. Journal of Hydrology, 379 (1): 41-53.

Wild M. 2008. Combined surface solar brightening and increasing greenhouse effect support recent intensification of the global land-based hydrological cycle. Geophysical Research Letters, 35 (17): 52-58.

Yan N N, Wu B F, Chris P, et al. 2015. Assessing potential water savings in agriculture on the Hai Basin plain, China. Agricultural Water Management, 154: 11-19.

第7章 海河流域活力评估

流域生态活力是反映流域生态系统健康状况的重要指标，用于描述生态系统的活动性、新陈代谢或初级生产力，常用净初级生产力（NPP）与 NDVI 指标评价流域活力状况（Xu et al.，2012）。而海河流域由于人类活动的强烈干扰，特别是水利工程设施的大规模修建、灌溉农田与城市面积的快速发展，流域水循环状况被打上深深的人类活动的烙印，水资源问题成为影响流域生态环境健康的最关键要素。基于流域活力的本质与海河流域的现实状况，本研究综合考虑区域生物量生产能力、植被生长情况和水资源分布状况，提出新的流域生态活力指数，用于分析区域生态活力时空格局的变化研究。

7.1 流域生态活力评估方法

植被覆盖度与 NDVI 之间有密切的相关性，本节采用植被覆盖度替代 NDVI 构建流域活力指数，同时考虑到水资源对流域生态环境的主导作用，在 NDVI 与生物量的基础之上，本节进一步纳入可用水量、人均湿地面积与人均水面积三个指标，通过层次分析法（AHP），构建流域活力评估指数。其中海河流域人均湿地面积、人均水面积是用遥感提取出的湿地、水体面积与流域人口数量的比值。流域的可用水量则是流域降水扣除生态需水量之后剩余的水资源量。生物量和植被覆盖度反映区域生物量生产能力和植被生长状况，可以采用可用水量、人均湿地面积、人均水面积三个指数表征流域水资源的综合状况（图7.1）。

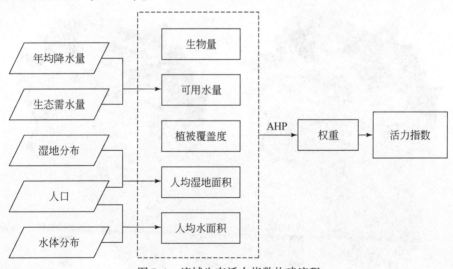

图 7.1 流域生态活力指数构建流程

　　年平均降水量数据来自中国气象科学数据共享服务网和海河水利委员会，生态需水量由4.2节的方法计算获取，湿地和水体分布数据来源于卫星遥感影像解译结果，而人口数据源自海河流域各省区统计年鉴或经济年鉴、城市统计年鉴、分县农村经济统计数据、中国县（市）社会经济统计年鉴，部分县域人口数据由地球系统科学数据共享网提供，生物量和植被覆盖度数据则由4.1节方法计算获取，人均湿地面积和人均水面积为流域湿地和水体与各县域总人口的比值。利用层次分析法对生态活力评价的各因子之间的相对重要性进行排序，以此建立判断矩阵，最终得出各评价指标的权重、其相对重要性及各指标权重分析结果（表7.1）。

表7.1　海河流域生态活力指数评价指标相对重要性

指标	生物量	植被覆盖度	可用水量	人均湿地面积	人均水面积	权重
生物量	1	1	4	5	6	0.39
植被覆盖度	1	1	3	4	5	0.34
可用水量	1/4	1/3	1	3	4	0.15
人均湿地面积	1/5	1/4	1/3	1	2	0.08
人均水面积	1/6	1/5	1/4	1/2	1	0.04

7.2　生态活力时空格局变化

　　1980~2008年，活力较高区域分布在海河北系燕山山脉和海河南系太行山山脉山区，以及大清河淀西、子牙河和漳卫河下游平原区。活力较低的区域主要分布在永定河上游地区，其次是北四河和大清河淀东平原、京广线沿线城市、山西长治市、阳泉市和忻州市等区域（图7.2）。

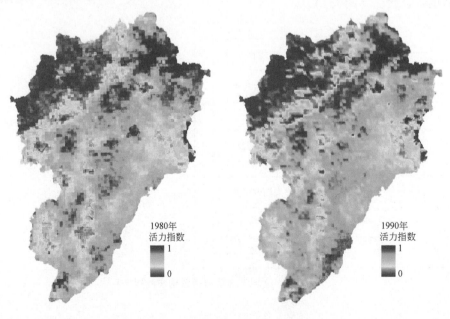

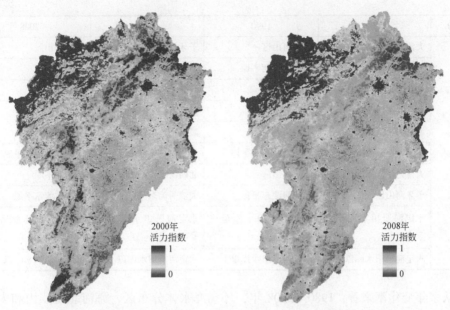

图 7.2　海河流域 1980 年、1990 年、2000 年、2008 年活力指数图

　　海河流域各子流域不同时期的活力状态在空间格局上变化明显。①就流域活力的空间分布而言，1980~2008 年，永定河册田水库至三家店和永定河册田水库以上区域一直是海河流域生态活力最低的区域。②就流域活力的时间变化而言，1980 年，各子流域的生态活力从大到小依次为北三河山区>北四河平原>大清河淀西平原>漳卫河平原>大清河山区>子牙河平原>漳卫河山区>黑龙港及运东平原>大清河淀东平原>子牙河山区>永定河册田水库至三家店>永定河册田水库以上区域；1990 年，生态活力从大到小依次为北三河山区>漳卫河平原>大清河山区>大清河淀西平原>子牙河平原>北四河平原>漳卫河山区>黑龙港及运东平原>子牙河山区>大清河淀东平原>永定河册田水库至三家店>永定河册田水库以上；2000 年，漳卫河平原>北三河山区>子牙河平原>大清河山区>漳卫河山区>大清河淀西平原>黑龙港及运东平原>子牙河山区>北四河平原>大清河淀东平原>永定河册田水库至三家店>永定河册田水库以上；2008 年，各子流域的生态活力发生改变，从大到小依次为漳卫河平原>大清河淀西平原>北三河山区>子牙河平原>漳卫河山区>大清河山区>子牙河山区>黑龙港及运东平原>北四河平原>大清河淀东平原>永定河册田水库至三家店>永定河册田水库以上。③就海河流域各子流域而言，流域活力上升最明显的为子牙河山区、漳卫河平原，流域活力下降最明显的为北三河山区和北四河平原（表 7.2）。

表 7.2　海河流域子流域不同时期活力指数排序

年份	1980	1990	2000	2008
子流域	北三河山区	北三河山区	漳卫河平原	漳卫河平原
	北四河平原	漳卫河平原	北三河山区	大清河淀西平原

续表

年份	1980	1990	2000	2008
子流域	大清河淀西平原	大清河山区	子牙河平原	北三河山区
	漳卫河平原	大清河淀西平原	大清河山区	子牙河平原
	大清河山区	子牙河平原	漳卫河山区	漳卫河山区
	子牙河平原	北四河平原	大清河淀西平原	大清河山区
	漳卫河山区	漳卫河山区	黑龙港及运东平原	子牙河山区
	黑龙港及运东平原	黑龙港及运东平原	子牙河山区	黑龙港及运东平原
	大清河淀东平原	子牙河山区	北四河平原	北四河平原
	子牙河山区	大清河淀东平原	大清河淀东平原	大清河淀东平原
	永定河册田水库至三家店	永定河册田水库至三家店	永定河册田水库至三家店	永定河册田水库至三家店
	永定河册田水库以上	永定河册田水库以上	永定河册田水库以上	永定河册田水库以上

　　从多年变化率来看，1980～2008年，环渤海水体分布区、海河北系燕山和太行山北部山区生态活力下降趋势明显，永定河上游北部地区、子牙河下游平原、漳卫河下游平原及黑龙港及运东平原部分区域活力略有下降（图7.3）。对各水资源三级区活力指数统计分析结果表明，生态活力指数下降的子流域有北三河山区、北四河平原，呈现退化趋势；其他子流域的活力指数均呈不同程度的增势。其中，子牙河山区增势最为明显，其活力指数由1980年的0.53增长至2008年的0.7。其次为漳卫河山区、永定河册田水库以上、黑龙港及运东平原（表7.3）。

活力指数
变化率
■ 0.17
■ -0.24

图7.3　海河流域活力指数变化率

表 7.3　海河流域子流域不同时期活力指数

子流域	活力指数			
	1980 年	1990 年	2000 年	2008 年
北三河山区	0.71	0.70	0.71	0.74
永定河册田水库至三家店	0.41	0.43	0.51	0.52
永定河册田水库以上	0.31	0.32	0.42	0.43
北四河平原	0.65	0.61	0.61	0.68
大清河山区	0.63	0.66	0.67	0.71
大清河淀西平原	0.65	0.65	0.66	0.74
大清河淀东平原	0.53	0.52	0.58	0.65
子牙河山区	0.53	0.52	0.64	0.70
黑龙港及运东平原	0.56	0.58	0.65	0.69
子牙河平原	0.62	0.64	0.67	0.73
漳卫河山区	0.56	0.60	0.66	0.71
漳卫河平原	0.64	0.70	0.75	0.76
平均	0.57	0.58	0.63	0.67

1980 年、1990 年、2000 年、2008 年，海河流域平均活力指数分别为 0.57、0.58、0.63、0.67，1980~2008 年累计增长 0.1。其间，我国在海河流域开展的大规模水土保持、小流域综合治理、防护林带建设、水源涵养林建设、荒山绿化建设、湿地修复和生物多样性保护等可能是流域生态活力增长的重要原因。以占流域生态活力权重较高的植被覆盖度为例，1984~2008 年海河流域地区的植被覆盖度总体上呈波动上升趋势。2000~2003 年，海河流域植被覆盖度稳定在 0.65 左右；在 2003~2004 年，植被覆盖度稍有增加，增幅约为 6%；2004~2008 年，海河流域植被覆盖度稳定在 0.73 左右。

7.3　流域活力恢复空间措施

海河流域 1958~1965 年、1965~1978 年、1979~1988 年、1989~2000 年、2001~2008 年降水量和蒸散发量的盈亏值分别为 242.82 亿 m^3、228.63 亿 m^3、14.81 亿 m^3、-2.51 亿 m^3 和 -44.86 亿 m^3。因此，自 1979 年以来，海河流域长期处于非健康状态，活力丧失。

供耗失衡是海河流域活力低下的重要原因，因此，恢复流域活力需要保持区域蓄变量变化的平衡。流域供耗平衡可以简化为 $P-ET \geq C+Q_o$，其中 P 为降水量，ET 为蒸散发量，C 为流域工业生产和生活耗水量，Q_o 为流域满足流域生态环境健康的出境流量。C 值可以用实际工业产值和人口数量为基础进行确定，Q_o 参考富国（2009）的分析结果，即 "入海流量达到 100 亿 m^3 时，可以恢复流域生态系统健康"。

以流域 2001~2008 年遥感蒸散发、实测降水量、出境流量和人口经济统计数据为基础，利用山区水量平衡方程，计算了上游各水资源三级区蓄变量。2001~2008 年，北三河山区、永定河山区、大清河山区、子牙河山区和漳卫河山区年平均蓄变量分别为-11.44 亿 m³、10.22 亿 m³、-3.76 亿 m³、7.07 亿 m³ 和 7.93 亿 m³（表 7.4），北三河和大清河山区处于水资源亏缺状态，需减少区域内蒸散发耗水以实现水资源多年动态平衡；永定河、子牙河和漳卫河虽然年平均蓄变量处于盈余状态，但 1978 年以来，蒸散发量增加趋势明显（表 7.5），这三个区域一方面可以将盈余的水量补给给下游平原河流及湿地，另一方面，可以开展大规模农业节水管理，提高水分利用效率，从而降低区域内的蒸散发耗水强度。

表 7.4 2001~2008 年上游水资源三级区蓄变量 （单位：亿 m³）

年份	北三河山区	永定河山区	大清河山区	子牙河山区	漳卫河山区
2001	-31.96	-37.77	-40.45	-63.45	-40.99
2002	-22.96	20.24	6.13	10.25	-8.22
2003	-17.78	-3.11	-8.93	18.07	64.19
2004	9.04	34.72	21.82	27.40	16.34
2005	-0.58	8.94	0.32	19.15	38.09
2006	-15.07	-12.29	-9.92	6.63	3.16
2007	-12.37	19.39	3.08	27.14	14.10
2008	0.19	51.66	-2.10	11.35	-23.25
均值	-11.44	10.22	-3.76	7.07	7.93

表 7.5 海河流域上游水资源三级区水平衡分析 （单位：亿 m³）

时间段	水平衡参量	降水量	蒸散发量	出境流量	其他耗水量	蓄变量
1958~1965 年	北三河山区	127.06	131.18	15.26	0.01	-19.39
	永定河山区	210.94	145.58	15.61	0.04	49.71
	大清河山区	110.23	113.95	31.27	0.02	-35.00
	子牙河山区	196.84	84.57	85.57	0.03	26.67
	漳卫河山区	166.14	134.75	72.92	0.03	-41.56
1966~1978 年	北三河山区	122.47	118.12	10.19	0.02	-5.86
	永定河山区	205.68	141.30	9.49	0.06	54.84
	大清河山区	101.35	113.66	14.12	0.02	-26.45
	子牙河山区	179.77	135.12	32.52	0.04	12.09
	漳卫河山区	192.88	123.86	39.06	0.04	29.92
1979~1988 年	北三河山区	108.71	120.48	2.43	0.02	-14.22
	永定河山区	184.94	153.99	5.84	0.07	25.04
	大清河山区	96.59	102.31	5.03	0.02	-10.78
	子牙河山区	161.12	147.53	11.59	0.04	1.97
	漳卫河山区	132.08	126.83	13.91	0.04	-8.71

续表

时间段	水平衡参量	降水量	蒸散发量	出境流量	其他耗水量	蓄变量
1989～2000 年	北三河山区	119.77	118.58	1.85	0.06	-0.73
	永定河山区	196.03	158.06	3.93	0.24	33.80
	大清河山区	94.02	97.97	5.88	0.05	-9.87
	子牙河山区	160.12	149.72	13.54	0.13	-3.26
	漳卫河山区	140.96	138.15	16.26	0.11	-13.56
2001～2008 年	北三河山区	110.12	117.51	3.65	0.39	-11.44
	永定河山区	177.31	163.78	2.06	1.24	10.22
	大清河山区	89.67	92.33	0.91	0.19	-3.76
	子牙河山区	151.47	140.42	3.24	0.74	7.07
	漳卫河山区	145.20	131.40	4.81	1.06	7.93

注：其他耗水量指工业生产和生活耗水量

7.4　恢复流域活力的空间调整措施

前述分析结果表明，上下游和地表地下水力联系被破坏、流域水分亏缺是流域水资源格局发生变化的促发因素，也是流域活力丧失的主要原因。因此，要恢复流域活力，首先需从减少水资源消耗，重建流域上下游、地表地下水力联系开始，具体措施如下。

（1）提高农田水分生产率：通过种植结构调整和推广节水灌溉措施，全面实施农业节水，提高水分生产率。其中，北三河和大清河山区，农业节约出来的水量，一部分用于恢复上游河道生态流量的需求（北三河、大清河山区河道基流量分别为 1.02 亿 m^3 和 0.53 亿 m^3），剩余部分可存储于水库，以供给北京和石家庄两大城市的工业生产和生活用水；永定河、子牙河和漳卫河节约的水量在满足上游河流生态流量需求（分别为 1.4 亿 m^3、1.28 亿 m^3 和 0.99 亿 m^3）的基础上，剩余的 23.99 亿 m^3 用于补给下游河流和湿地。平原区节约的 28.7 亿 m^3 水相当于减少了从地下、河道和湿地的抽水和提水量，从而既可满足平原区河道生态需水量（13.97 亿 m^3），还能有 14.69 亿 m^3 水入海。

（2）充分利用雨洪资源，增强地下水的补给：利用 1～2 次汛期洪水，通过全流域水库、拦河闸坝、水利枢纽等的联合调度，使洪水资源流向平原区主干河道、典型蓄滞洪区，开展全流域洪水资源地下水补给。流域上游（永定河、子牙河、漳卫河）多年平均蓄变量盈余 25.22 亿 m^3，每年可以通过三个区域上游各水库的联合调度，将这部分水量作为生态用水补给下游河道，在恢复河流生态环境流的同时，可有效补充地下水。研究表明，河道补给是流域地下水最主要的补给来源（张光辉等，2002）。

（3）开展典型湿地原有湿地区和主干河道原有洪泛区域的退耕，如七里海湿地、册田水库上游桑干河两岸、白洋淀湿地上游干流等，还河流和湿地空间，逐渐恢复其自然生态。

（4）将外调水源（引黄、南水北调）引至大清河和潮白河流域，在保证北京、天津、石家庄的工业生产和生活用水需求的同时，再生水源可用于恢复大清河和潮白河下游河流和湿地生态。

参 考 文 献

富国. 2009. 渤海水资源与水环境综合管理战略研究. GEF 海河流域水资源与水环境综合管理项目进展报告.

张光辉，费宇红，李惠娣. 2002. 海河流域平原浅层地下水位持续下降动因与效应. 干旱区资源与环境，16（2）：32-36.

Xu C, Li Y, Hu J. 2012. Evaluating the difference between the normalized difference vegetation index and net primary productivity as the indicators of vegetation vigor assessment at landscape scale. Environmental Monitoring and Assessment, 184（3）：1275-1286.